新型职业农民培育系列教材
乡村振兴科技专家答疑丛书

养猪与猪病防治300问

杨定勇　邓继辉　主编

中国农业大学出版社
·北京·

内 容 提 要

本书内容包括猪场建设、猪的品种与选育、猪的营养与饲料、猪的繁殖技术、猪的饲养管理、猪疾病防治与猪场经营管理等。

图书在版编目(CIP)数据

养猪与猪病防治300问/杨定勇，邓继辉主编. —北京：中国农业大学出版社，2018.8

ISBN 978-7-5655-2054-9

Ⅰ.①养… Ⅱ.①杨… ②邓… Ⅲ.①养猪学-问题解答 ②猪病-防治-问题解答 Ⅳ.①S828-44 ②S858.28-44

中国版本图书馆CIP数据核字(2018)第169405号

书　名　养猪与猪病防治300问

作　者　杨定勇　邓继辉　主编

策划编辑　张　玉　张　蕊　　　责任编辑　冯雪梅

封面设计　郑　川

出版发行　中国农业大学出版社

社　址　北京市海淀区圆明园西路2号　　　邮政编码　100193

电　话　发行部 010-62818525,8625　　　读者服务部 010-62732336

编辑部 010-62732617,2618　　　出　版　部 010-62733440

网　址　http://www.cau.edu.cn/caup　　　**E-mail** cbsszs@cau.edu.cn

经　销　新华书店

印　刷　北京鑫丰华彩印有限公司

版　次　2018年11月第1版　　2018年11月第1次印刷

规　格　787×980　　16开本　　13.5印张　　250千字

定　价　36.00元

编写人员
CONTRIBUTORS

主　　编　杨定勇　邓继辉

参　　编　王振华　陈晓春　黄名英　黄　兴　黄雅杰
陈盛絮　冯洪港

前言 PREFACE

职业农民是农业生产经营主体。开展农民教育培训，提高农民综合素质、生产技能和经营能力，是发展现代农业和建设社会主义新农村的重要举措。党中央、国务院高度重视农民教育培训工作，提出了“大力培育新型职业农民”的历史任务。目前我国养猪生产具有广阔的发展空间，养猪生产的当务之急是从转变养猪生产方式的高度出发，以优质、高效、生态和可持续发展为目标，加大技术投资，依靠科技进步，形成专业生态化生产、一体化经营、社会化服务、企业化管理，加快养猪业专业化、系列化、市场化和社会化进程，向品种良种化、生产集约化、过程生态无害化和产品优质化方向迈进，全面提升养猪生产效益，让养猪产业实现突破式发展。

为贯彻落实中央的战略部署，提高农民教育培训质量，同时也为各地培育新型职业农民提供基础保障——高质量教材，我们遵循农民教育培训的基本特点和规律，编写了《养猪与猪病防治300问》一书。

《养猪与猪病防治300问》是新型职业农民培育系列教材之一。作者在对多年来养猪生产实践经验加以总结的基础上，以技术问答方式编写了《养猪与猪病防治300问》一书。全书内容包括猪场建设、猪的品种与选育、猪的营养与饲料、猪的繁殖技术、猪的饲养管理、猪疾病防治和猪场经营管理等内容。全书紧密结合养猪生产实际，技术先进，实用性与可操作性强，通俗易懂，具有很强的针对性和实用性，既可作为养猪生产一线的新型职业农民的培训教材，也可作为养猪生产、管理人员及农业职业院校师生的学习参考用书。

本书由成都农业科技职业技术学院杨定勇、邓继辉担任主编，成都农业科技职业技术学院王振华、陈晓春、黄名英、黄兴、黄雅杰，广东省茂名市动物疫病预防控制中心陈盛絮，湖北生物科技职业学院冯洪港等参加编写。北京农业职业学院李玉冰教授、农业部科技教育司寇建平和原农业部农民科技教育培训中心陈肖安等同志对教材内容进行了审定，在此一并表示感谢。

由于编者水平有限，加之时间仓促，教材中不妥和错误之处在所难免。衷心希望广大读者提出宝贵意见，以期进一步修订和完善。

编　者

2018年4月

目录 CONTENTS

一、猪场建设

1 养猪业的发展趋势如何？

(1)中国养猪业的现状

①养殖模式由散养向规模化转移。

②区域布局由分散向重点区域转移。

③生产方式由数量型向质量型转移。

④生产能力由专业户向大集团转移。

(2)中国养猪业面临的问题与机遇

①食品安全问题突出。

②自主创新能力弱。

③疫病严重。

④优良猪种被国外控制。

⑤环保压力大。

⑥饲料资源匮乏。

⑦自主创新条件逐渐完善。

⑧国际市场空间大。

⑨国内市场稳步增长。

⑩政府支持力度大。饲料加工、饲养、肉食品加工配套体系将得到完善。

(3)中国养猪业的发展趋势

①养殖规模趋向于适度规模。但上规模、上档次的猪场应注意品牌和包装。

②养殖新技术趋向于智能猪业。增加技术含量，提高产品质量，扩大出口配额。

③养殖理念趋向于动物福利。

④环境保护趋向于低碳排放。

⑤养猪业与饲料业结合得更紧密。

⑥要饲养适合市场的品种。饲养瘦肉率高、风味好、有地方特色的品种，这将

更有利于消费市场的完善。

中国养猪业的形势比较严峻，但目前的发展势头比较乐观。充分利用现代科技，结合实际情况，寻求促进养猪业发展的方法和途径，使中国成为真正的养猪大国、强国。

2 如何申办新建猪场？

新办猪场涉及场址的选择、用地的取得、环保部门的许可、乡镇建设规划部门的许可、申办《动物防疫条件合格证》和《种畜禽生产经营许可证》。

①场址选择必须符合《动物防疫条件审查办法》的要求。

②用地的取得可通过租赁或转包、转让方式，需征得土地承包户的同意并签订协议，送交所在地的村委会和乡镇备案。

③到环保部门申请办理许可（具体的相关手续到该部门咨询）；到乡镇建设规划部门申请办理建设许可（具体的相关手续到该部门咨询）。

④猪场建成后，到县畜牧局申请办理《动物防疫条件合格证》和《种畜禽生产经营许可证》。办理《动物防疫条件合格证》和《种畜禽生产许可证》的条件和提交的材料，按照农业部（中华人民共和国农业部令 2010 年第 7 号）颁布的《动物防疫条件审查办法》的规定和国务院 153 号令《种畜禽生产经营许可证》的规定办理。该办法的内容可从网站查询，在办理时可进一步到县畜牧局监督所咨询。为更好地满足动物防疫条件，建议在猪场建设前到县畜牧局请专家技术人员给予设计、布局、建设方面的技术指导。

只有办理了《动物防疫条件合格证》，才可以凭此证到工商行政管理部门申请办理登记注册手续，领取营业执照。

3 猪场怎样申请环境评估？

根据 1998 年 11 月国务院令第 253 号文《建设项目环境保护管理条例》中的第六条："国家实行建设项目环境影响评价制度"及《环境影响评价法》的有关规定，建设项目必须执行环境影响评价制度。建设项目的环境影响评价工作，由取得相应资格证书的单位承担。

申请环境评估的具体程序：

(1) 申请条件

①选址符合城市总体规划或者村镇建设规划，符合环境功能规划，土地利用总

体规划要求。

②符合国家农业政策。

③符合清洁生产要求。

④排放污染物不超过国家和省规定的污染物排放标准。

⑤重点污染物符合问题控制的要求。

⑥委托有资质的单位编制项目环境影响评价文件。

(2)需要提交的资料

①编制环境影响评价报告书项目:项目环保审批的申请报告;发改委或经信部门出具的立项备案证明;项目环境影响报告书;环境技术中心对项目出具的评估意见;基建项目需提供规划许可证、红线图;涉及水土保持的,出具水利行政主管部门意见;涉及农田保护区的项目,出具农业、国土行政主管部门的意见;涉及水生动物保护的,出具渔政主管部门意见;涉及自然保护区的,出具林业主管部门意见。环保部门要求提交的其他材料。

②编制环境影响评价报告表项目:项目环保审批的申请报告;发改委或经信部门出具的立项备案证明;项目环境影响报告表;环境技术中心对项目出具的评估意见;基建项目需提供规划许可、红线图;涉及水土保持的,出具水利行政主管部门意见;涉及农田保护区的项目,出具农业、国土行政主管部门的意见;涉及水生动物保护的,出具渔政主管部门意见;涉及自然保护区的,出具林业主管部门意见。环保部门要求提交的其他材料。

③编制环境影响评价登记表项目:项目环保审批的申请报告;项目环境影响登记表(一式三份);发改委或经信部门出具的立项备案证明;基建项目需提供规划许可、红线图;环境技术中心对项目出具的环境评估意见(需公众参与的项目);涉及水土保持的,出具水利行政主管部门意见;涉及农田保护区的项目,出具农业、国土行政主管部门的意见;涉及水生动物保护的,出具渔政主管部门意见;涉及自然保护区的,出具林业主管部门意见。

(3)办理程序

①申请单位(个人)按照项目环境影响评价等级,到县环保局环审股提交申请材料。

②对项目进行材料审核、现场核查。

③经环保局专题审批会,对项目做出审批或审查意见。

(4)办理时限

①申报材料不齐全的,当场告知由其或补齐后再受理。

②申请材料齐全的:编制环境影响报告书的建设项目自受理之日起 60 日;编

制环境影响报告表的建设项目自受理之日起30日；填报环境影响登记表的建设项目自受理之日起15日。

4 猪场选址的条件有哪些？

场址应位于法律、法规明确规定的禁养区以外，地势高燥，通风良好，交通便利，水源充足，隔离条件良好。与居民地区及其他畜牧场等位置、距离符合DB51/T 652的规定。为了隔离灰尘、气味、噪声等，增强卫生防疫，场址应位于居民区常年主导风向的下风向或侧风向。距居民点不少于1 000米，与其他畜禽场的距离不少于3 000～5 000米，距铁道和国道不少于2 000～3 000米，距省道不少于2 000米，县乡和村道不少于500～1 000米。禁止在旅游区、自然保护区、水源保护区和环境公害污染严重的地区建场。

5 如何进行猪场规划布局？

现代化种猪场总体布局主要从立体卫生防疫体系和生产管理的角度出发，按功能将猪场划分为三个功能区：管理区、生产和生产辅助区、隔离区。三个区相互分开，间隔一定距离，并用围墙封闭。

管理区包括办公室、财务室、接待室、资料室、值班室、消毒室、宿舍等；生产区包括公猪舍、配种舍、妊娠舍、分娩猪舍、后备舍、测定舍等，生产辅助区包括饲料车间、水塔、锅炉房、仓库、配电室、屠宰室、装猪台、沼气池等。隔离区包括兽医室、解剖室、隔离猪舍、病猪焚烧处理和粪便污水处理设施。

6 猪场建设应注意的事项有哪些？

管理区：应位于生产区主风向的上风向及地势较高处，办公区的规划要方便管理，特别是对外来人员、车辆的消毒管理。

生产区和生产辅助区：应位于场区主风向的下风向及地势较低处，生产区进出口设置更衣室和消毒通道。生产区两边分设净道和污道，净道的功能是人行和运输饲料、产品，污道为运输粪便、病猪和废弃设备的专用道，两者应严格分开，不得交叉与混用。猪舍内主通道的宽度应不低于1.0米。猪舍高度(檐高)：单列式3.0～3.5米，双列式3.2～3.8米。两栋猪舍之间相距最好不少于20米，猪舍布局便于猪群周转，由上风向到下风向各类猪舍的顺序为：公猪舍、空怀妊娠母猪舍、哺乳猪舍、保育猪舍、生长育肥猪舍等。猪舍力求紧凑，互不干扰，便于转群，形成稳定的生产流水线。生产辅助建筑应围绕生产建筑布置，以利生产。饲料库、装猪台应设在生产区的边界，避免场外车辆进入生产区，利于防疫。水源、电源应靠近各猪舍，方便使用。猪舍围护结构保温隔热，耐酸碱腐蚀。场区周围应绿化，种植树木以调节小气候。

隔离区：主要布置兽医治疗室、隔离观察舍、病死猪或废弃物的处理设施，应低于生产建筑，其中无害化处理设施应设于主风向的下风口。围墙距一般建设物的距离不应小于 3.5 米，围墙距猪舍的间距不小于 6 米。粪便污水处理应统一规划，结合实际条件，充分利用。并注意污水和雨水分开，减少污水处理量。

7 如何修建公猪舍？

公猪舍一般为单列半开放式，舍内温度要求 15～20℃，外设运动场，单栏饲养(图 1-1)。生产中也有双列式。公猪舍的光线尽可能暗淡，以免影响公猪性欲和精液量。地面坡度适宜，有防滑措施。由于公猪怕热，夏天公猪舍可采用水帘降温系统。在公猪舍内设置采精间，旁边建精液检测的化验室。也有一些猪场将公猪舍和配种舍搭配设计。

图 1-1　公猪舍

8 怎样修建配种舍、妊娠舍？

配种、妊娠母猪最常用是限位栏单圈饲养，多为双列式(图 1-2)。也可采用分组群养栏，10 米² 左右圈舍，每栏饲养空怀母猪 4～6 头、妊娠母猪 2～4 头。有条件的猪场，可在妊娠猪栏外修建运动场，有益母猪健康。猪舍内最适宜温度为14～18℃。

近年来随着养猪规模的扩大，妊娠母猪舍跨度加大，远高于传统猪舍的 2 列。比如在一个 2 500 头基础母猪场，一些新建猪场将妊娠母猪、配种母猪放在同一幢 100～200 米² 的猪舍里，可以做到很细致的环境控制，又减少了投入。

图 1-2　配种舍和妊娠舍

9　怎样修建分娩母猪舍？

分娩母猪舍即产房，常有高床网限位栏、无限位栏等模式（图 1-3）。分娩舍设计的主要技术参数包括温度、相对湿度、气流速度、透光角等。分娩母猪舍要求外围护结构有较高的保温隔热性能，舍内适宜温度为 15～22℃。由于仔猪要求适宜

图 1-3　分娩舍

环境温度为 34～25℃，因此舍内必需配备局部采暖设备。舍内设有分娩栏或产床，布置多为两列或三列式。主要由分娩栏、仔猪围栏、保温箱等组成。母猪分娩舍可采用小单元设计，方便全进全出生产。分娩母猪舍还可根据条件增设锅炉房、投药水箱、猪体消毒间等。建设集约化的母猪分娩舍，可以把环境控制做得很完备，断奶较整齐，做到彻底地全进全出。

10 怎样修建保育猪舍？

保育猪舍指饲养断乳至 10 周龄仔猪的猪舍，要求外围护结构具较高的保温隔热性能，舍内适宜的环境温度为 22～25℃，冬季要防“贼风”。保育仔猪多采用高床网上饲养，保育栏主要由漏缝地板、围栏、自动食槽、电热板等组成。按猪栏的排列不同，保育栏可分为单列式、双列式、多列式。保育舍应设计成小单元、两阶段保育模式，第一阶段可用保温箱加保温灯，第二阶段只用电热板即可。将仔猪网上培育，自由采食，原窝转群，全进全出有利于提高仔猪成活率。另外在保育猪舍内应设计饮水加药系统，便于经水投药（图 1-4）。

图 1-4 保育舍

11 怎样修建生长育肥舍？

生长猪是指 10～18 周龄的架子猪，育肥猪是指 18 周龄到出栏的大猪，因这 2 个阶段的生猪对环境的适应性较强，所以对生长育肥猪舍的设计可遵循简单、实用的原则。一般采用地面饲养，猪栏常采用双列或多列式，每个栏之间的隔墙用砖块砌成，栏门用热镀锌管或 14 号圆钢制作。沿猪舍墙边开一排深 50 厘米、宽 70～

120 厘米的粪沟，上架 1.8～2.0 厘米宽缝隙的水泥漏缝地板。生长育肥猪适宜的环境温度为 18～22℃（图 1-5）。

图 1-5 生长育肥舍

12 怎样修建隔离猪舍？

对新购入的种猪进行隔离观察或对本场疑似患传染病但还有经济价值的猪进行隔离治疗饲养的猪舍。主要是防止外购猪疾病的传播和本场猪病的接触传播。隔离猪舍位于猪场的下风方向，与其他猪舍保持一定的距离。排污系统也应与生产区分开，除猪栏和通道外，还应设饲料贮存间和消毒管理间。舍内猪栏为通用猪栏，各栏的食槽和粪尿沟彼此独立隔开，防交叉感染，出入口要设消毒池，设纱网等防蚊蝇、老鼠等传播疾病（图 1-6）。

图 1-6 隔离猪舍

13 兽医室和化验室等建筑有何要求？

兽医室专供兽医人员工作和存放医疗器械、药品等的房间。应位于猪场的下风向和地势较低处，与生产区有一定的距离。里面应设人员和器械等的消毒间。化验室应与兽医室相邻，同时配有消毒处理间，防病源的扩散（图 1-7）。

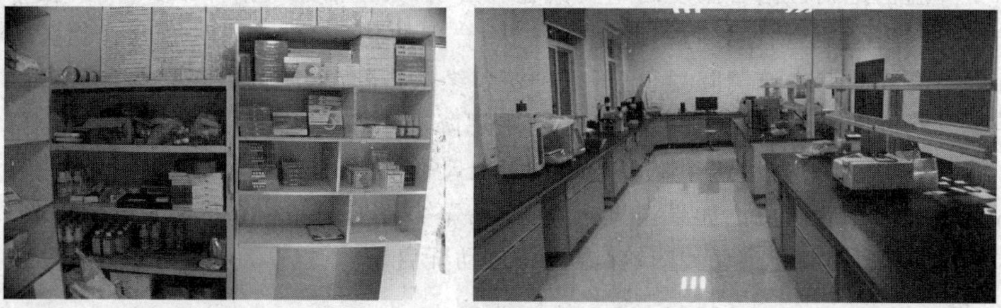

图 1-7 兽医室和化验室

14 猪舍为什么要通风？

通风对集约化、规模化养猪场来说非常重要，猪舍通风可引入新鲜空气，又可排出舍内不良空气，也能起到降温作用。可以降低猪舍内的湿度，排除氨气、硫化氢和二氧化碳等有毒、有害气体，在冬天可减少猪呼吸道疾病的发生，在夏天可缓解猪在高温环境下的热应激，提高饲料利用率和增重速度。一般规模猪场的猪舍通风有自然通风和动力通风两种。饲养密度较小的猪场可采用自然通风，主要通过门、窗的关启调节通风量。动力通风适用于规模较大的集约化养猪场，有正压通风和负压通风两种。

15 猪舍怎样保温？

一般不必采取特别的保温措施，保温是调控猪舍温度的重要手段。由于“小猪怕冷，大猪怕热”，冬季饲养小猪应有保暖措施。初生仔猪由于皮下脂肪少、散热快，机体调节体热的能力差，产房和保育舍内应设置取暖设施，一般规模养猪场可以采用集中或局部供暖方式，可以使用热风炉、暖气片、地暖，保持分娩舍和保育舍温度在 18℃左右，仔猪保温箱温度在 30℃左右；还可以使用仔猪保温板和红外线灯，使仔猪有个舒适的小环境，并根据仔猪的日龄进行温度的调节，初生当天35～33℃，一周后31℃，二周29℃，以后每周下降2℃，断奶时保持温度在27℃左右，以后逐渐下降至室温。

16 猪舍怎样降温？

降温也是调控猪舍温度的重要措施。由于“大猪怕热”，猪体缺少汗腺，皮下脂肪厚，炎热夏季必须做好防暑降温工作，除合理的猪舍设计，同时结合在猪舍的外面种植高大的乔木遮阴降温，也可以种植攀缘植物降温，还可以在猪舍屋顶外面使用喷淋设施降低温度外，种猪场还普遍采用降温水帘、水蒸发式冷风机、喷雾降温系统、滴水降温等方法达到降温的目的。自动化很高的猪场，供热保温，通风降温都可以实现自动调节。如果温度过高，则帘幕自动打开，冷气机或通风机工作；如果温度太低，则帘幕自动关闭，保温设备自动开启。

17 怎样控制猪舍湿度？

猪舍湿度过高，会明显降低猪的抗病能力，导致多种传染病的发生，特别是各种呼吸道疾病、风湿症等；分娩猪舍湿度过高，会导致母猪产仔数减少，仔猪断奶重降低；育肥猪舍湿度过高，会引起饲料利用率下降，日增重降低。据生产实践，各类猪舍的适宜湿度范围为：分娩舍60％～70％，育肥舍60％～80％，保育舍60％～70％。在生产上，湿度调控可通过通风换气，提高猪舍内水汽蒸发，减少用水量，猪舍地面撒布生石灰，及时清理粪便等方法来实现。

18 怎样控制猪舍光照？

猪舍通过窗户适宜的自然光照，有利于杀菌、消毒，提高猪体的抗病能力，预防佝偻病和缺钙症的发生。据生产实践，保持较长的光照时间有利于母猪的发情、配种和妊娠；光照时间不足则会对猪的采食量和生长速度产生不良的影响。一般规模猪场的光照可分为自然光照和补充光照，种猪舍和仔猪舍应适当保持较长的光照时间；商品猪舍则应保持较暗的光照环境，以利其休息和肥育。光照也可用白炽灯或日光灯进行人工照明，照度50勒克斯左右，一般设在饲喂道上。

19 猪场饮水有哪些要求?

水供应量、水质好坏直接关系到猪的生长和生产效率。养猪场的水源可采用地下水源与自来水,水质要符合 NY 5027 要求。猪舍供水可采用高压有塔或无塔供水系统,并定期检查猪舍内供水管线设备、猪舍水箱、饮水器等供水系统。供水压力符合 GB/T 17824.1 要求。采用干清粪生产工艺的猪场,日供水量见表 1-1 与表 1-2 数值。

表 1-1 规模猪场供水量

能繁母猪(头)		20	50	100	200	300	400	500	600
猪场供水总量(吨/天)	自繁自养场	4	10	20	40	60	80	100	120
	仔猪繁殖场	1.4	3.4	6.8	13.6	20.5	27.3	34.1	40.9
猪群饮水总量(吨/天)	自繁自养场	1	2.5	5	10	15	20	25	30
	仔猪繁殖场	0.4	0.9	1.8	3.7	5.5	7.3	9.2	11.0

表 1-2 商品猪育肥场供水量

存栏(头)	50	100	150	200	300	500	1 000
猪场供水总量(吨/天)	1.25	2.5	3.75	5	7.5	12.5	25
猪群饮水总量(吨/天)	0.3	0.6	0.9	1.2	1.8	3	6

20 怎样建设猪场沼气池?

将猪粪尿导入沼气池厌氧发酵无害化处理后,不仅杀灭了病害菌和虫卵,解决了养猪场的污染问题,还能生成清洁能源——沼气,是真正的绿色良性生态循环。根据养猪场的条件和生产能力,沼气池可选择单独与猪舍相结合,或与猪舍厕所相结合,也可与厕所、猪舍、蔬菜温室相配套。建在土质坚实,地下水位较低,土层底部没有地道、地窖、渗井、泉眼、虚土等隐患之处,背风向阳,远离树木,方便进出料的地方。沼气池包括进料口、发酵间或贮存间、出料间几部分。沼气池的容积应根据养殖数量、粪污量、用气量等事先计算好,一般按照每头猪 0.3 米^3 进行修建;规模化猪场最好请专业机构来设计建造(图 1-8)。

图 1-8　地上沼气池

21　如何处理猪场粪污？

猪场粪便的处理常用干燥处理、堆肥处理、沼气发酵处理三种方式。此外还有蚯蚓生物反应器技术、微波干燥设备、气流干燥设备、热喷处理技术等方法。

猪场污水主要是含有机物浓度高的猪舍冲洗水、部分尿液等。常采用物理、化学和生物的方法进行多级处理。在处理前，采用沉淀池、格栅等进行固液分离，然后再采取氧化塘、污水灌溉农田、土地处理、人工湿地处理系统等自然法处理方式；好氧生物处理、厌氧生物处理、好氧厌氧联合生物处理等生物方法进行处理。

22　养猪消毒设施设备有哪些？

人员进入种猪场都必须冲洗、更换衣物，彻底消毒等。若有车辆必须进场，则应设置车辆清洗消毒池、车身冲洗喷淋机等设备。对于环境清洁消毒设备，有简易紫外线灯、地面冲洗喷雾消毒机、臭氧消毒机、火焰消毒器，因地而建的车辆熏蒸消毒室等，要清洁空气的有空气过滤系统（图 1-9）。

图 1-9　喷雾消毒车和高压消毒车

23 养猪通风设备有哪些?

目前猪舍通风设备有换气机、离心式风机、鼓风机等,通风换气系统常见的有负压通风、常压通风及管道式压力通风等形式。机械通风以负压通风投资少,安装简单,通风效率高。风机设在猪舍山墙上或靠近该山墙的两纵墙上,进风口则设在另一端山墙上或远离风机的纵墙上,用一台或数台通风机通过墙壁、屋顶或地板下面的管道将圈舍的空气抽出,同时通过墙上或屋顶的进气口向舍内输送新鲜空气,并且通过调节进风与出风口的开启程度来改变通风换气的速度。

24 养猪降温设备有哪些?

大部分猪场在夏天都需要采取降温措施。除合理的猪舍设计、绿化遮阴外,种猪场还普遍采用降温水帘(图 1-10)、水蒸发式冷风机、喷雾降温系统、滴水降温等方法达到降温的目的。猪舍的降温有冷风机降温和喷雾降温两种。当舍内温度不高时,采用小蒸发式冷风机,降温效果良好,冷风机降温要与湿帘等降温设施配套。舍内温度很高时,可用滴水或喷雾与风机配合进行降温,其主要由 PVC 管、钢丝、三通接头、滴头(可用自来水龙头代替)等组成,要用自来水经水泵加压,通过过滤器进入喷水管道后从喷雾器中喷出,在舍内空间蒸发吸热,使舍内空气温度降低。还可在屋面安装喷水降温系统,由镀锌管、塑料 PVC 管、加压泵组成,安装方法为加压泵一端连接供水管网,另一端连接 PVC 管,PVC 管安装在猪舍上(纵向),每间隔 5 000 毫米水平正反方向交叉钻 0.2 毫米孔一个,使用时打开供水管网,接通高压泵电源,管网内水被加压喷洒于屋面达到降温目的。

图 1-10 降温水帘

25 养猪保温设备有哪些？

猪舍除了加强外围护结构，减少猪舍热损失外，常用的保温方式主要有局部采暖系统、热风采暖系统、热水采暖系统。常见的有红外线灯、仔猪保温箱、吊挂式红外线加热器、电热保温板、加热地板、地暖、电热风器、太阳能采暖系统、火炉、火炕、烟道、暖气、畜舍空调、挡风帘幕等（图 1-11）。保障分娩母猪舍 22℃，其他猪舍 15℃，各猪舍相对湿度平均 70％。

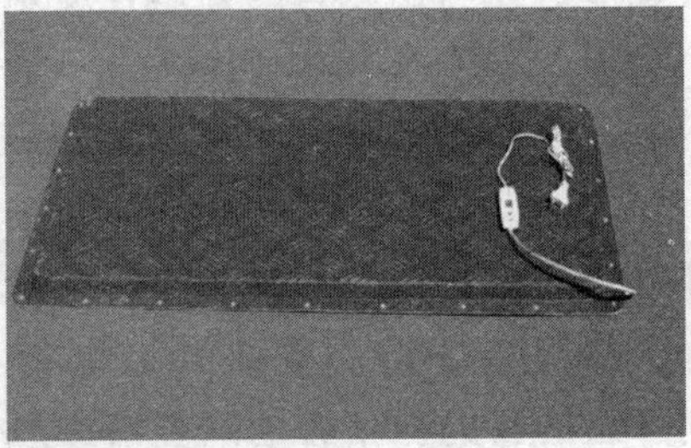

图 1-11 仔猪保温箱和电热保温板

26 养猪饮水设备有哪几种？

猪自动饮水器主要有鸭嘴式、乳头式、杯式等（图 1-12）。

鸭嘴式自动饮水器是规模化猪场最常见的一种饮水设备。这种饮水器由弹簧控制，胶垫密封，猪将鸭嘴体衔入口中，水流缓慢，漏水少，水能充分饮入，减少浪费。乳头式自动饮水器由壳体、顶杆和钢球三部分组成。杯式自动饮水器供水部分结构与鸭嘴式大致相同。

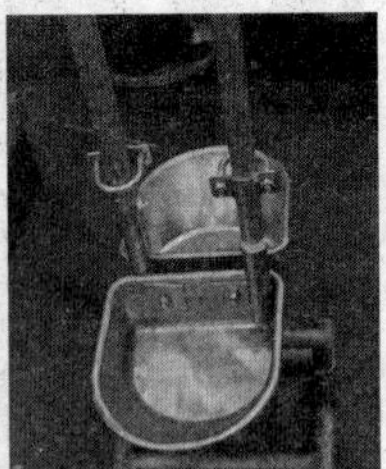

图 1-12 乳头式、鸭嘴式和碗式饮水器

27 养猪饲喂设备有哪几种形式?

种猪生产中,饲喂设备对提高饲料利用率、降低劳动强度、增加猪场经济效益有很大影响。人工喂料设备主要包括加料车(图 1-13)、食槽。常见的食槽有仔猪塑料补料槽(图 1-14)、哺乳母猪铸铁食槽、铸铁圆形食槽等(图 1-15)。另外还有干/湿料箱/桶、饲料运输车等。自动喂料系统由贮料塔、饲料运输机、输送管道、自动给料设备、计量设备、食槽等组成。母猪和育肥猪智能化饲喂系统就是自动喂料系统中发展较为完善的一种,当前这个系统正在逐步得以提高和推广。现在国内有很多猪场都在使用,并且取得了良好的经济效益。

图 1-13 加料车

图 1-14 自动喂料系统

图 1-15 仔猪补料槽

28 常见的养猪栏设备有哪几种?

猪栏是现代化种猪场的基本生产单位,不同饲养阶段需要不同形式的猪栏。

(1)按结构分为实体猪栏、栅栏式猪栏、综合式猪栏 实体猪栏是指猪舍内圈与圈间以 0.8～1.2 米高的实体墙相隔,适于小规模猪场(图 1-16)。栅栏式猪栏是指猪舍内圈与圈间以 0.8～1.2 米高的栅栏相隔,现代化猪场多用(图 1-17)。综合式猪栏是实体猪栏与栅栏式猪栏的结合模式，适于大小猪场(图1-18)。

图1-16 实体猪栏

图1-17 栅栏式猪栏

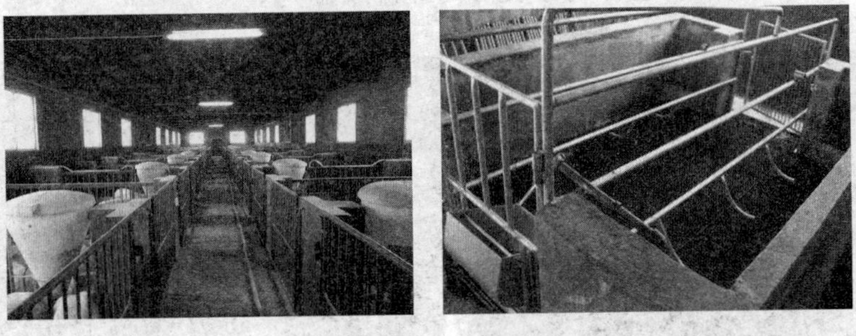

图1-18 综合式猪栏

(2)按用途可分为公猪栏、配种栏、妊娠栏、分娩栏等

①公猪栏(图1-19)：一般为单栏，主要用于饲养公猪，单列式或双列式排布，面积一般在6米^{2}左右，栏高1.4米左右，材料可以是砖砌或金属栅栏，栏舍通风、地面防滑。

②配种栏或空怀栏：常见的有2种，一种是单体栏，另一种是小群饲养栏。

③妊娠母猪栏：现行集约化猪场大多将妊娠母猪饲养在单体栏中。

图1-19 公猪栏和配种栏

④分娩栏(图 1-20):单栏长 2.1 米,宽 1.8 米。母猪栏两侧为仔猪活动区,中间留有保温箱位置,提高了仔猪成活率。

图 1-20　分娩栏

(3)按饲养头数可分为单栏和群栏　单栏(图 1-21)由金属材料焊接而成,一般栏长 2 米,栏宽 0.65 米,栏高 1 米。群栏的结构可以是混凝土实体结构、栏栅式或综合式结构,面积根据每栏饲养头数而定,一般为 7～15 米^2。

图 1-21　单体限位栏

(4)按排粪区位置和结构,还可分为地面刮粪猪栏、部分缝隙地板猪栏、全缝隙地板猪栏、前排粪猪栏、侧排粪栏等。

29 养猪电气设备包括哪些？

主要包括总电控柜(图 1-22)、每栋电源控制箱、场区路灯控制、猪舍照明线路、闭路监控系统。电力负荷等级为民用建筑供电等级三级，自备电源的供电容量不低于全场用电负荷的 1/4。电力供应：规模猪场宜采用动力和照明合一的供电方式，配套 380～220 伏电压电源，满足猪场日常照明及饲料生产需要。电力负荷不宜低于猪场所有用电设备最大值，并且注意错峰用电。

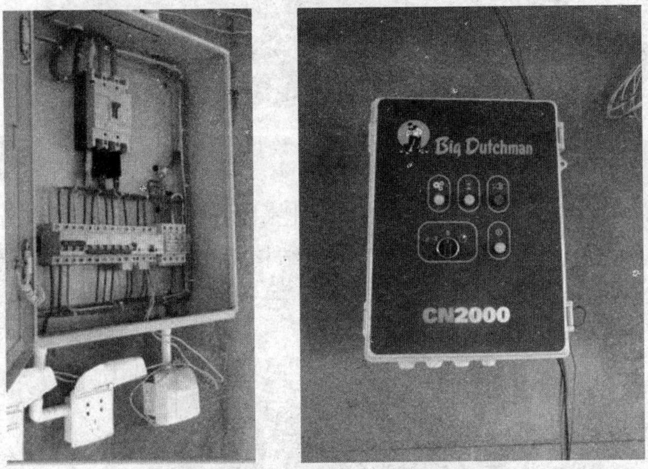

图 1-22 电控柜

30 养猪舍环境监测是怎样实现的？

对猪舍内的温度、湿度、有害气体浓度等各项环境参数需定期进行监测，根据监测结果做出环境评价，提出环境改善措施。目前养猪场环境温湿度和有害气体自动化监控系统应用较好，这是一种基于物联网 RFID 技术的温湿度和有害气体自动控制系统(图 1-23)。采用 RFID 电子温湿度和有害气体传感标签，无线 RFID 读写器，环境监控工作站，对养猪场环境进行实时的温湿度和有害气体监控管理。通过控制器与系统之间的通信，控制锅炉、风机等设备运行或停止，实现猪舍内温湿度的自动调节和有害气体排放、稀释，使之保持在猪群生长所需的最佳小气候条件。

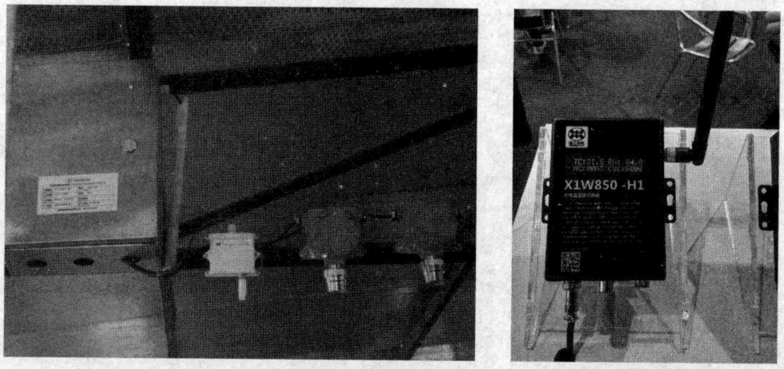

图 1-23 RFID 电子温湿度和有害气体传感器

31 猪场的给排水系统包括哪些内容?

给水:主要包括水井、水塔、舍外供水管线、猪舍内供水管线设备、猪舍水箱、饮水器;分娩母猪舍、保育舍应设投药水箱。供水设施应符合 GB/T 17824.1—2008 的规定。

排水:场区内应用地下暗管排放产生的污水,明沟排放雨、雪水。应使猪粪与尿、水分离,污水暗管排放,不得雨污混排。管理区给水、排水按工业民用建筑有关规定执行。

32 猪场附属配套设施设备有什么?

其他配套设施设备还包括种猪测定设施、饲料加工设备、小型屠宰设备和冷冻设备、兽医诊断室常用诊疗设备、粪车、料车、转猪车(图 1-24)、大料车、清洗消毒车、可移动式称重电子秤(图 1-24)、称重电子地磅、办公设备。

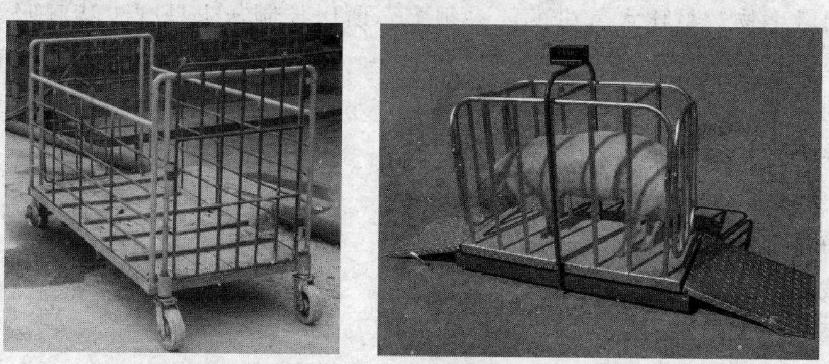

图 1-24 转猪车和电子秤

其他设备：背膘测定仪、精子密度仪、怀孕探测仪、模型猪、耳号钳、电子识别耳牌、断尾钳（图 1-25）。

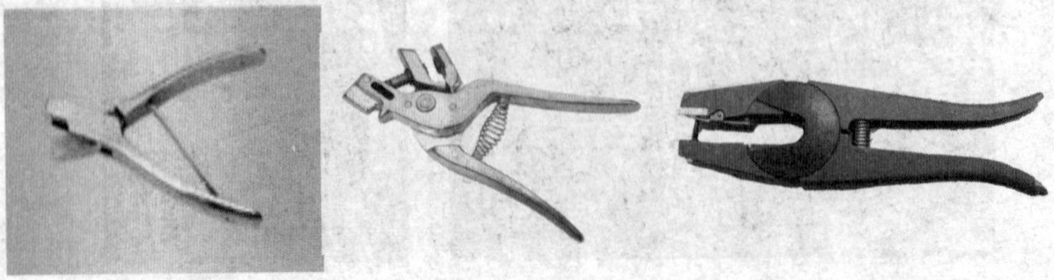

图 1-25　耳缺钳、耳孔钳和耳牌钳

33　猪舍间距是越大越好，还是越小越好？

猪舍间距指相邻两栋猪舍纵墙的距离，主要根据光照、通风、防疫、防火和节约土地这五个因素来确定。根据理论计算和试验证明，猪舍间距为猪舍高度（南排猪舍檐高）的3～5倍时，即可满足光照、通风和防疫的要求。根据中国建筑防火规范要求和猪舍结构，其防火间距为6～8米。在通常的猪舍高度下，当间距为猪舍高度3～5倍时，即可满足防火要求。若是山区地带需因地制宜。

34　猪场为什么要进行绿化？

①绿化可以净化空气。绿色植物可吸收大气中有害、有毒物质，净化空气。可使场区恶臭气体减少50%，有害气体减少25%，使空气中细菌数减少21.7%～79.3%。

②绿化可以减少灰尘。猪场中有大量灰尘，而病原微生物易附着在灰尘上，使空气中的微生物数量比大气中的要多很多。所以控制灰尘是减少猪呼吸系统疾病和经呼吸道传播的传染病根源之一。树木是一种天然除尘器，因为它们对灰尘具有独特的拦截、过滤、吸附和黏着滞留作用。吸尘的树木经雨水冲刷后，又可以继续发挥除尘作用。

③美化猪场环境。

④净化水源。

⑤减弱噪声。

⑥降低猪舍温度。

35 猪场如何绿化？

①从生产性质、规模、自然条件等多角度出发，合理规划绿化方案。

②绿化布局要合理，以保证安全生产，不影响猪舍采光。

③绿化树种选择时要考虑各功能区特点、地形、土质、环境污染等情况。如猪场边界、隔离带、道路、运动场、饲料车间及仓库、行政管理区和生活区等要选择与之相适应的绿化植物。搞好猪场绿化是一项效益非常显著的环保生态工程，它对于环境的优化，对促进生猪健康，保证猪场生产的正常进行，塑造企业的形象都具有十分重大的意义（图 1-26）。

图 1-26 猪场绿化

二、猪的品种与选育

36 良种猪有哪些特征?

经过了长期的自然选择和人工选育的良种猪,形成了各具特色的优良特性,具有良好的自然适应性,具有繁殖力强、肉质优良、生长速度快、饲料利用率和产肉率高的特征,不同的品种具有不同的典型外貌特征和独特的生产性能,能用来杂交改良猪种和培育新品种,经济价值高。

37 猪的生物学特性有哪些?

(1)性成熟早,多胎高产　猪是常年发情的多胎高产动物,4～5 月龄达到性成熟,6～8 月龄可初次配种,一年平均分娩 2.2～2.5 胎,一胎产仔平均 10～12 头,太湖猪产仔数(窝产活仔数)平均超过 14 头,个别高产母猪一胎产仔超过 22 头,最高纪录窝产仔数达 42 头。生产上采用先进的繁殖技术,改善饲养管理,充分发挥猪的多胎高产特性,提高养猪生产效益。

(2)食性广,饲料转化率高　猪是杂食动物,能广泛采食各种动物性、植物性和矿物质等饲料,并且采食量大、消化能力强、利用率高。但猪对食物有选择性,能辨别口味,特别喜爱甜食,若饲粮中粗纤维含量过多,猪对饲料的适口性和消化率会降低,所以在猪的饲养中要注意精粗饲料的适当搭配,控制粗纤维在日粮中所占的比例,保证日粮的全价性和易消化性。

(3)生长速度快,蓄积脂肪能力强　猪初生重较小,平均 1.0～1.5 千克,占成年体重的 1%左右,但生后生长速度很快,在正常饲养管理条件下,160～170 日龄体重可达 90～120 千克,在肉用家畜中(与牛羊相比)生长强度最大。猪由于胚胎期短,出生时发育不充分,各生理机能发育不全,所以初生仔猪需精心护理。一般情况保育猪阶段(1～2 月龄)骨骼生长较快,进入生长期阶段(3～4 月龄)肌肉生长加快,肥育猪阶段(5～6 月龄)脂肪沉积速度显著加快,生产中根据这一规律科学饲养后备猪和肥育猪，在猪的生长发育前期充分饲养，后期可适当限饲，这样既可提高肉猪的胴体瘦肉率，又可降低饲料消耗。

(4)嗅觉和听觉灵敏，视觉不发达　猪生后几小时依靠嗅觉辨别气味，寻找乳头和食物，识别群内外个体，辨别圈舍。听觉相当发达，能迅速判断声源方向、强度和节律，对口令等声音的刺激易建立条件反射。视觉较差，缺乏辨别能力。生产中利用此特性对猪群进行合理的调教、分群、合群、发情鉴定和采精训练等，以方便管理，提高养猪生产水平。

(5)适应性强，喜清洁易调教　猪是世界上分布广，数量最多的家畜之一，对自然地理、气候条件的适应性强，主要对气候寒暑、饲料多样性、不同的饲养方式与方法的适应，但对温湿度的反应比较敏感，大猪怕热，小猪怕冷，生产中使猪群的生产性能得到充分发挥，为不同猪群创造适宜的环境条件。猪是爱清洁的动物，采食、睡眠和排粪尿有固定地点，一般喜在清洁干燥处躺卧，墙角潮湿有粪便的地方排粪尿。同时猪是神经类型较为平衡灵活的动物，易于调教。生产中可利用此特性建立有益的条件反射，通过调教训练课有效地培养猪群采食、睡卧和排便的"三点定位"良好习性，若群体过大或圈栏过小，此习性将被破坏，饲养管理上应多加注意。

(6)定居漫游，群居位次明显　在开放式或散养情况，或舍外活动后，猪只能顺利回到固定圈舍，表现定居漫游习性。猪喜群居，小群或同窝仔猪间能和睦相处，但不同窝或不同群的猪新合到一起，刚开始会激烈争斗，并按不同来源小群躺卧，几天后会形成一个群居性的群体，并建立一定的位次关系，体重大或"战斗力强"的位次靠前，稍弱的排在后面。若群体过大，生活环境改变，位次关系就会出现混乱，争斗频繁，位次关系难以建立，影响采食、休息和增重。生产中利用此特性，合理安排猪群的饲养密度，及时进行调教，保证猪群健康有序生活，以利生产性能的提高.

38 猪的品种分类和经济类型有哪些?

猪的品种在一定自然和社会经济条件下，经人工选择形成的一个具有共同来源、相似并能稳定遗传的外形和生产性能，并拥有一定数量的群体。猪种可分为中国地方猪种、引入猪种和培育猪种。其中地方猪种按其外貌特征和生产性能，结合起源、地理分布、饲养管理以及产地农业生产与社会经济等因素，地方猪种大致划分为六个类型：华北型、华南型、华中型、江海型、西南型和高原型。地方猪种具有繁殖力高、抗逆性强、肉质好、性情温顺、消化粗纤维能力强，能较好地利用青粗饲料等优良的种质特性。

猪的品种按经济用途、外形特点与胴体性状的差异可划分为瘦肉型、脂肪型和兼用型，这是对现代猪种的分类方法之一。瘦肉型猪的胴体瘦肉率达55%以上，引进的良种猪和近十年来培育的猪种属于此类型；脂肪型胴体瘦肉率在45%以下，我国大多数地方猪种属于此类型；兼用型胴体瘦肉率为45%～55%，我国较早培育的品种均属于此类型。

39 猪的主要经济性状有哪些？

主要的经济性状有：繁殖性状、生长性状、胴体性状和肉质性状。衡量繁殖性状的主要指标有产仔数（包括总产仔数和活产仔数）、初生重和初生窝重、断奶窝重、初产日龄和产仔间隔；衡量生长性状主要指标有日增重、达100千克体重日龄、饲料转化率和日采食量等；衡量胴体性状主要指标有活体背膘厚、屠宰率、平均背膘厚、眼肌面积和胴体瘦肉率等；衡量肉质性状主要指标有肌肉pH、滴水损失、系水力、嫩度、多汁性、大理石纹等。

40 我国地方猪种主要有哪些？

地方猪种分为六大类型，其中华北型猪种有民猪、八眉猪、汉江黑猪等；华南型猪种有香猪、两广小花猪、海南猪、五指山猪、槐猪、桃源猪、陆川猪等；华中型猪种有金华猪、宁乡猪、大花白猪、皖浙花猪、福州黑猪等；江海型猪种有太湖猪、姜曲海猪、中国台湾猪等；西南型猪种有荣昌猪、内江猪、成华猪、雅南猪、乌金猪等；高原型猪种有藏猪。地方猪种具有繁殖力强，优质优良、抗逆性强优良特性，但生长速度慢、脂肪多等缺点。各类型的主要代表猪种（图2-1）：

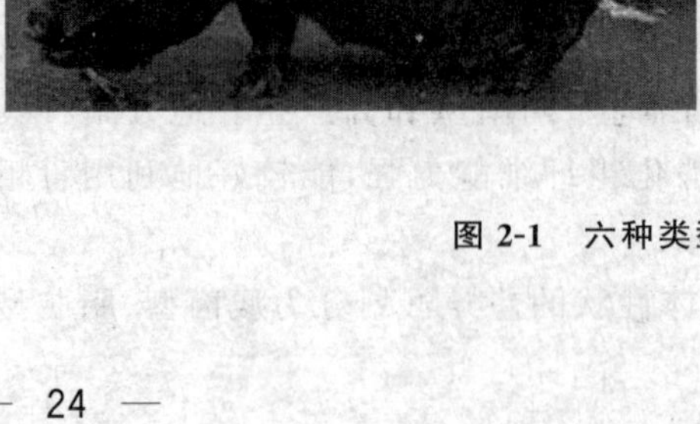

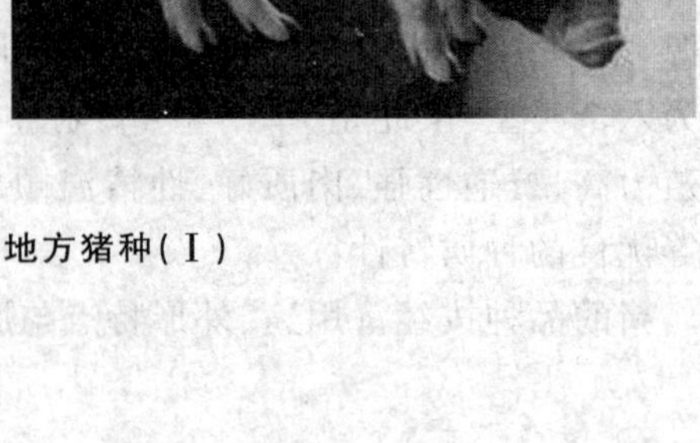

图2-1 六种类型地方猪种（Ⅰ）

图 2-1　六种类型地方猪种(Ⅱ)

41　我国的引入猪种主要有哪几种?

对我国猪种改良影响较大的引入种猪有巴克夏猪、约克夏猪、苏联大白猪、长白猪、杜洛克猪、汉普夏猪和皮特兰猪,专门化品系和配套系猪有:PIC 猪、迪卡猪、达兰猪、斯格猪等,对我国养猪生产影响较大的引入猪种主要有大白猪、长白猪、杜洛克猪和皮特兰猪等。外种猪具有生长速度快,饲料利用率高等优点(图 2-2)。

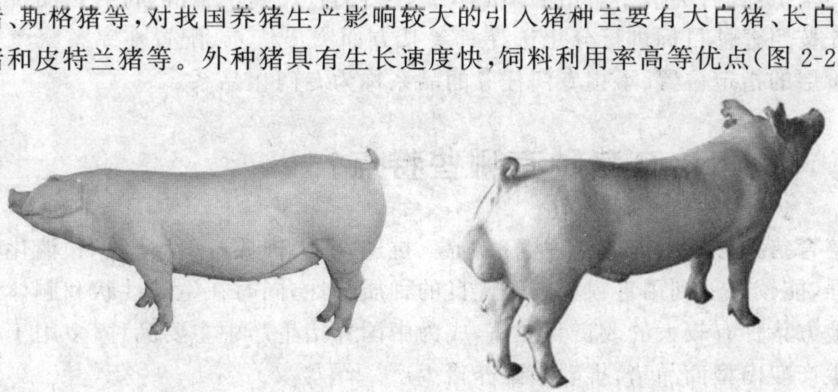

图 2-2　引入猪种(Ⅰ)

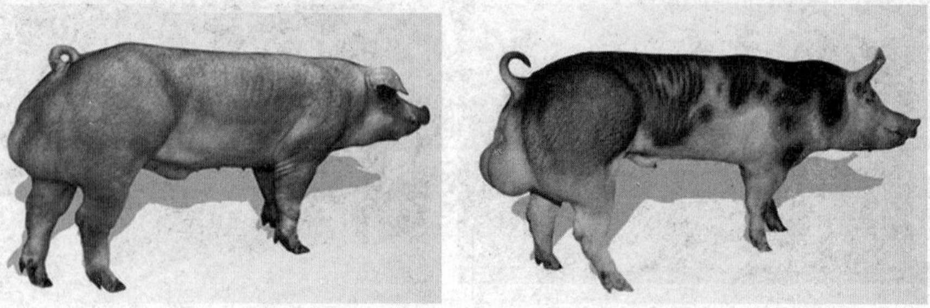

图 2-2 引入猪种(Ⅱ)

42 什么叫品种、品系和专门化品系?

品种是人们为了某种经济目的,在一定自然和经济条件下,通过长期选育而形成的具有某种经济价值的动物类群,是自然和人工选择共同作用结果。猪的品种具有较高经济价值(如肉用价值),其血统来源相同和遗传基础相似,特征特性相似,种用价值高,具有一定结构,数量在 10 万头以上,符合品种特征,经有关部门鉴定,才算得上品种。

在自然界中猪是以群体形式存在,随着生物不断进化,起源于同一群体的猪部分分离或迁移,在自然选择和竞争中逐渐独立于原始品种而成为新的品种和类群,这是广义上的品系,但品系必须具有相似的外貌特征,独特的生物学特性,稳定的遗传性能,共同的遗传来源和一定的遗传结构。狭义上的品系是指来源于同一头卓越的系祖,且有类似于系祖的体质和生产力的种用高产猪群,符合该品种的基本方向先按照育种目标进行分化选择具备某方面突出优点、配置在完整繁育体系内不同阶层的指定位置、承担专门任务的品系称为专门化品系。

43 中国培育猪种有哪些特点?

培育猪种继承了地方猪种繁殖力高、抗逆性强、肉质好、性情温顺、消化粗纤维能力强,能较好地利用青粗饲料等优良的种质特性,同时在生长性状和胴体性状方面比地方猪种有较大的改良和提高,成为中国养猪生产中主要品种,多用于作杂交母本生产瘦肉型商品猪,推动中国养猪生产。

44 猪的良繁体系是怎样的？

繁育体系主要包括以遗传改良为核心的育种（群）场，以良种扩繁特别是母本扩繁为中介的繁殖（群）场和以商品生产为基础的生产（群）场（图 2-3）。一般育种群较小，但性能高，需在繁殖场加以扩大，以满足生产一定规模商品育肥猪所需的父母种源。建立良种猪繁育体系是现代养猪业的发展方向，是养猪业发达程度的重要标志，是现代化养猪生产取得高效益的重要组织保证。

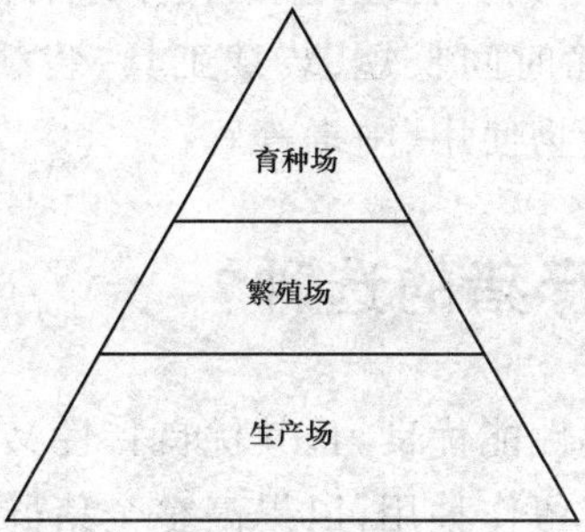

图 2-3　猪繁育体系图

45 什么是猪的应激综合征？怎样防控？

猪在应激下（如转群、高热、低温、运输、驱赶、争斗等）产生的恶性高热猝死以及肉质变劣等综合征候群。恶性高热综合征是猪的应激综合征的典型特征。

其预防措施是：消除应激原，改善饲养管理，注意合理组群，不任意混群。猪舍要保持安静，通风良好，防止拥挤、忽冷忽热、防止噪声和骚扰。注意冬季防寒保温，夏季防暑降温，保持舍内温度均衡，防止骤升骤降。出栏前 12～24 小时内减食或不饲喂，饮用口服补液盐水，可有效避免出栏过程中发生应激现象。同时保证饲料全价平衡，保证供给猪群全价饲料，不仅有足够的蛋白质和能量，还要有充足的维生素和微量元素。有关资料报道，维生素 E 和微量元素硒可提高猪的抗应激能力。同时核心育种猪群要进行氟烷基因筛选，避免应激原的出现，减少应激综合征的发生。

采取有效治疗措施对应激敏感型猪，可用氯丙嗪进行预防注射或应用抗应激药物以及抗应激添加剂，以防止发生应激现象。对已受到应激原刺激的猪群，应立即进行治疗。轻者可让其立即休息，令其自愈。开始肌肉僵硬时，可用 5%碳酸氢钠溶液来降低酸中毒，也可注射静松灵、安定等药物。

46 衡量肉质的主要指标有哪些？影响肉质的主要因素有哪些？

衡量肉质的主要指标有：肌肉 pH、肉色、系水力、失水率、熟肉率、嫩度、多汁性、大理石纹、香味、贮水损失、PSE 肉和 DFD 肉等。

影响肉质因素有：遗传因素（品种、基因如氟烷基因）、营养因素（能量蛋白质水平、氨基酸、矿物质、维生素）、饲养管理因素（饲养方案、饲养环境、饲喂技术等）、运输屠宰运输（运输季节、运输时间长短、装载工具、装载密度、屠宰方式、放血方法等）、其他因素（疾病防治、药物使用、中毒等）。

47 为什么要进行猪的选种？

生产中不是所有的猪都性能优良，且其优良特性又能稳定地遗传给后代，必须在猪群中选出优秀的公母猪留作种用，以提高整个猪群的生产性能，从而提高养猪经济效益，充分体现出优质种猪的生产特性和遗传性能。

48 怎样选留种公猪？

俗话说："母猪管一窝，公猪管一坡"。生产实践中一般选择个体生长快，耗料省，背膘薄，乳头整齐发育良好，包皮无积尿，精液质量优良，配种能力强，且体型外貌符合品种特征，发育良好，无遗传缺陷和其他不适宜留种的公猪作为种用公猪。生产实践中我们根据公猪不同的日龄和体重会有三次的选留，即断奶时、30 千克体重时和 75 千克体重时，把不符合留种和出现遗传缺陷、睾丸和包皮发育不好、自淫、性欲差、腿部疾患的公猪逐渐淘汰，留下适合种用的公猪。

49 怎样选留种母猪？

选择发情明显，易受精受胎，产仔数高，母性强，泌乳力强，仔猪育成多，体质结实，乳房和外阴发育良好，还要有分布均匀且发育正常的 12 个乳头以上，无遗传缺陷和繁殖障碍疾病，背膘厚和生长速度都具有良好的遗传潜力的母猪。生产实践中我们根据母猪不同的日龄和体重会有四次以上的选留，即断奶时、30 千克体重时、75 千克体重时和配种前，把不符合留种和出现遗传缺陷、生长发育不良、阴户和奶头发育不好的母猪逐渐淘汰，留下适合种用的母猪。

50 猪场都需要饲养种公猪吗？

由于自然交配的公母猪比例是 1∶(20～30)，人工授精的公母比例是 1∶(200～300)，生产中应根据具体情况来决定，如果规模小的猪场饲养的种母猪数量少，而附近有大型种猪场或种公猪站提供充足优质的精液，可以在场内实施人工授精，不需要专门饲养配种公猪，只要饲养少量的试情公猪即可。如果难以从其他猪场获取公猪精液，不管养猪规模的大小都应根据猪场基础母猪数饲养相应数量的公猪，至少 1 头以上，以防止母猪集中发情时公猪不够用，或个别公猪突然生病造成无种用公猪使用等特殊情况发生。

51 什么是猪的配套系？

所谓配套系是在系统纯系选育基础上，通过配合力测定而形成的种猪繁育体系，在其培育过程中各系突出选择某一方面能稳定遗传且能与其他系相配套产生最大显性效应性状，因此配套系培育是一个复杂的系统工程，其技术水平较高，充分利用各系优点，能使规模化养猪获得最大的经济效益。利用配套系繁殖生产杂交猪的关键是配套，在科学基础上有计划地组织配套系生产，是目前养猪提高生产水平的主要途径。比如目前我国普遍使用的 PIC、TOPIC 猪等就是国外培育的配套系猪种(图 2-4)；我国的北京黑猪和苏太猪就是我国自行培育的配套系猪种。

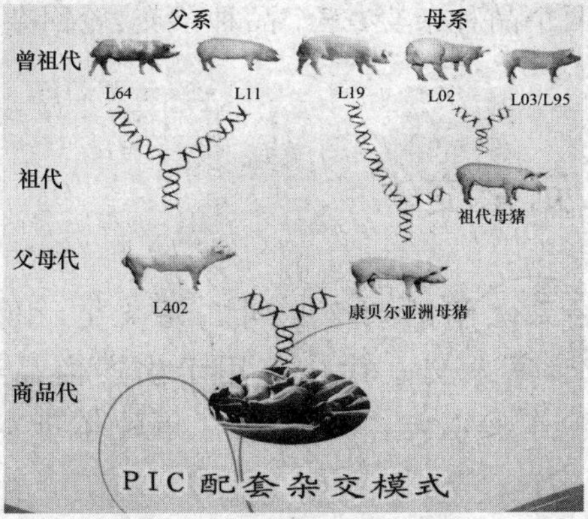

图 2-4　配套杂交模式图

52 如何进行猪的选配？

选配实际上是育种场执行的一种公母猪交配制度，是一种非随机交配。在养猪生产中除做好选种工作外，还必须作好选配工作，有计划有目的地选种公母猪进行交配，以获得数量多、品质好的后代。如要获得与双亲品质相似的后代或在杂交育种中出现理想类型，需将理想型巩固和扩大时选用同质选配；如要获得兼有双亲优良品质的后代，或以优改劣，使后代在某种性能上得到提高，可采用异质选配，杂交就是异质选配的具体应用。

要获得数量多品质好的后代，选择理想外形公母猪相配，同时要注意与配公母猪的年龄，以壮年公母猪交配效果最好，在一般繁殖场和商品猪场不宜采用亲缘选配，特别是公母猪6代以内不能交配。

53 什么是杂交优势？猪的杂交模式有几种？

杂交优势是指杂种后代在生活力、耐受力、抗病力、生长势和生产性能等方面的表现优于亲本纯合体。杂交优势在养猪生产中应用大大提高了猪的瘦肉产量，获得了显著地经济效益，一方面主要表现为生活力强，抗病力强，增加了对不良环境的抵抗力，体质健壮，生长发育快，饲料利用率高，胴体瘦肉率高，肉质好，易饲养。另一方面杂种猪个体间均匀整齐，生长发育和生产性能方面差异小，使商品猪的规格较一致，有利于实现养猪生产的商品化合规模化，提高养猪生产的现代化程度，产生更大的经济效益和社会效益。

猪的杂交模式有：两个品种杂交、三个品种杂交、轮回杂交和配套系杂交（四个品种或以上的杂交）。

54 什么是二元杂交？

两个品种或两个品系之间的杂交又叫二元杂交，用两个不同品种或品系的公母猪进行一次杂交，其杂交一代全部用于生产商品猪。我国的二元杂交主要以引入或培育猪种作父本与本地或培育猪种作母本进行杂交，杂交效果好（图2-5）。

A品种（♂） × B品种（♀）

↓

AB（全部作商品用）

图 2-5　二元杂交示意图

55 什么是三元杂交？

三个品种或三个品系之间的杂交又叫三元杂交，先利用两个品种或品系猪的杂交，从杂种一代中挑选优良母猪，再与第二父本品种杂交，生产杂种二代猪种，母猪常常用于生产商品肉猪（图 2-6）。三元杂交所用的母猪常用本地品种或培育品种，两个父本品种常用引入的优良瘦肉型品种。为提高经济效益和增加市场竞争力，母本可用引入的优良瘦肉型猪，也可全部用引入优良猪种进行三元杂交，效果更好，目前多数规模化猪场普遍采用杜、大、长的三元杂交方式，获得的杂交猪具有良好的生产性能，尤其产肉性能突出，非常受市场欢迎。

A品种（♂） × B品种（♀）

↓

C品种（♂） × AB（♀）

↓

ABC（全部作商品用）

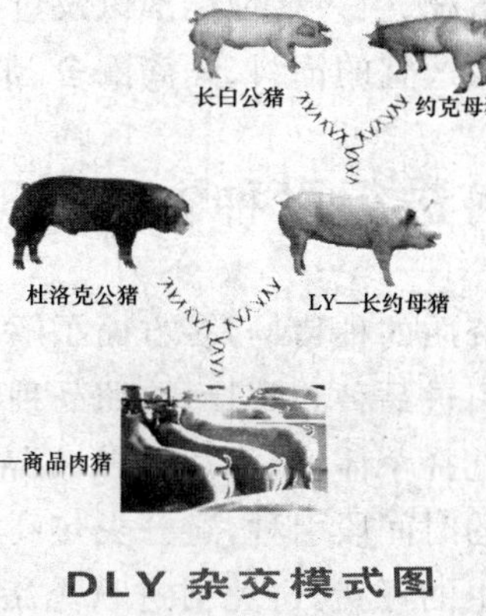

图 2-6　三元杂交示意图

56 三元杂交母猪能作种用吗？

作为商品肉猪的三元杂交母猪是不能作为种用的，如作为种用其所生后代会出现性状分离，导致生产规格不一，整齐度差，生产性能高低不等，遗传性状不稳定，不能用于标准化生产。但是有时候我们又会根据育种目标采用杂交育种的方法培育三元杂交母猪，这时候我们需要经过严格选育，选留的母猪一般不超过10%，可留做种用，这种情况在配套系猪的培育过程中能够见到。

57 二元和三元杂交后代为什么有黑毛?

毛色是猪的品种的重要标志,不同的品种有不同的毛色,若生产中出现与品种毛色不一致的个体,该品种个体属于不纯个体,不能作为种用,应予淘汰。二元和三元杂交多采用地方品种(多为黑色猪种)和引入品种(长白猪、大白猪、杜洛克猪)杂交,如品种不纯其后代会有毛色分离现象,就会出现黑色。需要说明的是在有些外种猪里面,也会有黑毛出现,这跟它们育种中本身带有黑毛基因有关,比如加系品种的猪,一般都会出现小的黑点或黑斑。

58 引种应注意的问题有哪些?

引种前应制定切实可行的引种计划,根据生产需求和目的,确定引种方案。充分了解所引猪种的特点和适应性,正确认识引入品种特性,全面了解品种引入地和引种场的疫情情况、引入猪种标准以及售后服务等情况。做好引种前的准备工作,备好引入猪种的适宜的饲料、隔离圈舍、消毒运输车辆和预防药物疫苗。

59 如何进行引种?

选择具有资质的种猪场,多方面了解该场生产情况和疫病情况,同时根据自身实际需要确定引进品种和数量,按照品种特征和生产记录正确选择品种,按品种和选种要求慎重选择个体,严格执行检疫隔离制度和免疫制度,妥善安排引种季节,不在气候恶劣的时间段引种,避开炎热高温的夏季和寒冷潮湿的冬季,一般在开春后引种冬季出生的仔猪,避免引进秋季猪作为种猪,因为开春后气候回暖,万物复苏,引种回来后的猪适应性会很强,冬季出生小猪长势也会很好,病也少。还要注重种猪运输的环节,做好消毒、保温通风、避免挤压,长途运输还要在运输前喂给电解多维和注射抗应激药物,途中避免颠簸和急刹车,转弯要慢,避免强烈日晒和劲风吹袭,运到场后隔离、加强饲养管理,马上给予干净充足的饮水,可以适当给予少量饲料。

60 引种后应该做什么?

引入猪种到场后根据检疫需要,配备专职兽医和具有丰富经验的专职饲养管理人员，引入猪需在隔离猪场观察 15～30 天，隔离观察场地要进行彻底清洗和消毒，同时准备好消毒、抗应激及其他药品和疫苗，可在饮水中加入电解多维 1 千克＋黄芪多糖 0.5 千克＋葡萄糖 10 千克/吨，饲喂一周，待引入猪种适应 2～3 天后注射猪瘟疫苗 2 头份/头和口蹄疫苗 4 毫升/头，蓝耳疫苗根据猪场实际情况决定是否免疫。到场 1～2 周后，根据供方免疫记录、病原检测结果、隔离观察的表现等情况，对引进种猪及时免疫，免疫疫苗须与预防性投药错开。3 周内驱除猪体内外寄生虫 2 次。检查按国家或地方规定必须强制预防接种的项目，是否还处在免疫有效期内。同时进行临床健康检查，检出传染病时，按有关兽医法规处理。

三、猪的营养与饲料

61 猪需要的营养物质有哪些？

猪的生长生产过程中，必须从饲料中摄取所需要的各种营养物质，供给全面的营养是养好猪的根本和关键。猪需要的营养物质概括起来可分为蛋白质、碳水化合物、脂肪、矿物质、维生素和水六类。猪的这六类营养物质，除水分外，都需要从饲料中取得。饲料中除含少量水分外，主要为干物质。干物质包括有机物和矿物质。有机物又包括蛋白质、脂肪、碳水化合物。碳水化合物中又分为粗纤维和无氮浸出物。猪的一生中对这些营养物质的需要是缺一不可的。

62 常用的猪饲料种类有哪些？

猪的常用饲料种类可划分为蛋白质饲料、能量饲料、粗饲料、青绿饲料、青贮饲料、矿物质饲料、维生素和饲料添加剂八大类。猪常用的蛋白质饲料主要有鱼粉、蚕蛹、血粉、血浆蛋白粉、奶粉、一些新型的动物蛋白原料、豆粕、棉粕、菜粕、发酵蛋白原料、花生粕等；常用的能量饲料主要是玉米、大麦、小麦、大米和油脂等；猪喜食的青绿饲料主要有甜菜、红薯、各种蔬菜、豆科牧草和一些水生植物；常用的一些粗饲料主要有青干草、米糠和一些糟渣类；常用的矿物质饲料主要是铁、铜、锰、锌、硒、钠、钾、钙、磷、硫等；常用的维生素主要是脂溶性的维生素 A、维生素 D、维生素 E、维生素 K 和水溶性的维生素 C 和 B 族维生素；猪用的饲料添加剂主要是赖氨酸、蛋氨酸、苏氨酸、色氨酸等氨基酸，酶制剂、益生素、酸化剂、调味剂、保鲜剂以及一些国家允许添加的药物。

63 三大有机营养物质是如何被猪胃肠消化吸收的？

采食后的饲料首先经过胃肠消化。蛋白质最终被分解为氨基酸和寡肽，脂肪被分解为甘油和脂肪酸，碳水化合物被分解为糖或酵解为低级羧酸。消化的终产物大部分被小肠吸收，未被消化吸收部分由粪便排出体外。饲料中被猪消化吸收的营养物质称为可消化营养物质。可消化营养物质占食入营养物质的百分比称为消化率。

64 什么是猪的维持需要及其影响因素？

维持需要是指维持猪每天本身的生命活动所需要的营养物质，如基础代谢、自由活动及维持体温等的养分需要量。影响维持需要的因素包括：

(1)动物因素　品种、生产水平、年龄、性别、体重、体型等。

(2)饲养管理　饲料种类组成、管理制度。

(3)环境　温度、湿度、风速、密度、活动量、自然条件等。

65 什么是猪的生产需要？

猪的生产需要是指猪在生长、肥育、繁殖、泌乳等的各个不同阶段所需要的养分的需要量。各个阶段的需要量是不一样的(表 3-1)。

表 3-1　不同能量浓度对猪采食量与生产性能的影响

能量浓度(兆焦/千克)	日采食量(千克)	日采食消化能(兆焦)	日增重(克)	背膘厚(厘米)
11.0	2.5	27.51	860	2.48
12.3	2.4	29.52	900	2.65
13.7	2.35	32.15	949	2.98
15.0	2.24	33.60	944	3.02

66 蛋白质对猪有什么营养作用？

蛋白质是由氨基酸组成的一类数量庞大的物质的总称。氨基酸的数量、种类和排列顺序的变化，组成了各种各样的蛋白质。蛋白质是生命的物质基础，不同的蛋白质是塑造一切细胞和组织结构的重要成分。猪在生长发育过程中需要不断从自然界获得蛋白质，猪生产产品的本质也是将饲料中含氮化合物转化为猪机体蛋白质的过程。

蛋白质对猪的营养作用包括：

①构建机体组织细胞的主要原料。

②机体内功能物质的主要成分。

③组织更新、修补的主要原料。

④供能和转化为糖、脂肪。

⑤遗传物质的基础。

⑥产品的重要成分。蛋白质是形成猪肉、猪皮等畜产品的重要原料。

67 什么是必需氨基酸、非必需氨基酸和限制性氨基酸？

(1)必需氨基酸　在机体内不能合成，或者合成的速度慢、数量少，不能满足猪需要而必须由饲料供给的氨基酸。生长猪必需氨基酸有10种，即赖氨酸、蛋氨酸、色氨酸、苯丙氨酸、亮氨酸、异亮氨酸、缬氨酸、苏氨酸、精氨酸和组氨酸。

(2)非必需氨基酸　在猪体内能合成，或可由其他氨基酸转化代替，无须饲料提供即可满足需要的氨基酸。如丙氨酸、谷氨酸、丝氨酸、谷氨酰胺、脯氨酸、半胱氨酸、天门冬氨酸等。

(3)限制性氨基酸　饲料或日粮缺乏一种或几种必需氨基酸时，就会限制其他氨基酸的利用，致使整个饲料中蛋白质的利用率下降，故称它们为该日粮的限制性氨基酸。根据饲料或日粮中各种必需氨基酸缺乏程度的大小，分别称为第一、第二、第三……限制性氨基酸。赖氨酸常为猪玉米豆粕日粮的第一限制性氨基酸。

68 饲料中蛋白质不足对猪有哪些危害？

饲料中蛋白质不足或品质低下，均会影响猪的生长、繁殖、生产性能及健康水平。包括以下影响：

(1)仔猪生长发育受阻　仔猪正处于组织快速生长和各种器官发育的旺盛时期，若供应不足，会导致仔猪增重缓慢，生长停滞，甚至死亡。

(2)消化机能紊乱　饲料中蛋白质的缺乏会影响消化道组织蛋白质的更新和消化液的正常分泌，出现食欲下降，消化机能紊乱，营养不良及慢性腹泻等现象。

(3)易患贫血症　猪缺少蛋白质，体内就不能形成足够的血红蛋白和血细胞蛋白而患贫血症，使猪抗病力减弱，容易感染各种疾病。

(4)生产性能下降　生长猪增重缓慢，泌仔猪泌乳量下降，而且猪产品的质量也降低。

(5)繁殖性能降低　公猪性欲降低，精液品质下降，精子数目减少；母猪不发情，性周期紊乱，卵子数量少、质量差，受胎率低。受孕后胎儿发育不良，以致产出弱胎、死胎或畸形胎儿。

69 饲料中蛋白质过量对猪有什么危害？

饲料蛋白质给量超过猪的需要，日增重不再提高，致使蛋白质分解供能，不仅造成浪费，而且氨基酸在肝脏脱氨过程中形成尿素或尿酸，由肾随尿排出体外，加重肝肾负担，严重时引起肝肾的病患。同时饲料蛋白质过量，对于泌乳的母猪，会由于奶中蛋白质浓度太高，引起仔猪拉稀，影响仔猪生长发育。粗蛋白质水平与日增重和瘦肉率的关系见表 3-2。

表 3-2　粗蛋白质水平与生产表现

粗蛋白质(%)	15.0	17.5	20.0	22.5	25.0	27.5
日增重(克)	676	749	745	749	717	676
瘦肉率(%)	44.7	46.6	46.8	47.6	49.0	50.0

引自：《猪生产学》，陈润生，中国农业出版社。

70 如何提高饲料中蛋白质的转化效率？

蛋白质饲料既短缺又昂贵，在广开蛋白质饲料资源的同时，必须采取各种有效措施，合理利用有限的蛋白质资源，提高饲料蛋白质转化效率。

①配合日粮时饲料应多样化。

②补饲氨基酸添加剂，生产中广泛应用的有赖氨酸、蛋氨酸、色氨酸和苏氨酸。

③掌握好饲料中蛋白质水平饲料蛋白质数量适宜、品质好，则蛋白质的转化效率高。

④日粮蛋白质与能量比例适当。

⑤豆类饲料的湿热处理。

⑥保证与蛋白质代谢有关的维生素 A、维生素 D、维生素 B_{12} 及矿物元素铁、铜、钴等的供应。

71 什么是理想蛋白质?

理想蛋白质是指饲料蛋白质的氨基酸在组成和比例上与猪蛋白质的氨基酸的组成和比例一致的蛋白质,包括必需氨基酸之间以及必需氨基酸和非必需氨基酸之间的组成和比例的一致(表3-3)。猪对理想蛋白质的利用率是100%。

表3-3 必需氨基酸的比例和需要量

氨基酸	赖氨酸	蛋氨酸+胱氨酸	色氨酸	异亮氨酸	亮氨酸	苏氨酸	组氨酸	苯丙氨酸+酪氨酸	缬氨酸	非必需氨基酸
以赖氨酸为100	100	50	15	55	100	60	33	96	70	
理想含量(克/千克)	7.0	3.5	1.0	3.8	7.0	4.2	2.3	6.7	4.9	59.6

引自:《实用养猪学》,李汝敏,中国农业出版社。

72 什么是低蛋白质氨基酸平衡日粮?

低蛋白质氨基酸平衡日粮是指将日粮蛋白质水平按NRC推荐标准降低2%～4%,通过添加工业合成氨基酸,降低蛋白原料用量来满足猪对氨基酸需求(即保持氨基酸的平衡)的日粮(表3-4)。

表3-4 不同蛋白质水平和补加赖氨酸对胴体品质的影响

组　别	高蛋白组(17.2%)	低蛋白+赖氨酸组(11.8%)	对照组(13.9%)
头数(头)	9	9	9
饲养天数	60	60	60
日增重(克)	650	644.3	564.8
屠宰率(%)	73.6	73.4	73.4
膘厚(毫米)	44	42	42
瘦肉率(%)	46.7	49.7	47

引自:《中国养猪大成》,赵广书,中国农业出版社。

73 能量对猪的营养作用有哪些?

(1)维持生命　猪所进行的所有生命活动,包括营养物质的消化吸收、物质转运、代谢、废弃物的排泄、各种肌肉活动、呼吸、血液循环、神经活动、腺体分泌等都需要消耗能量，没有能量，生命活动就无法进行。

（2）维持体温　体温的维持是由体内的产热和散热两个生理过程来进行调节的，当散热等于产热时则体温维持恒定。在寒冷的情况下，猪需要通过颤抖和非颤抖产热（代谢产热）增加产热量，这两个过程都消耗能量，是把化学能转化为热能用于维持体温的过程。

（3）生产猪产品　猪的生长、繁殖等过程主要体现在营养物质在猪体、胎儿和产品（肉、奶、皮毛）中的沉积，其中蛋白质、脂肪和碳水化合物的沉积都需要消耗能量。

74　脂肪对猪的营养作用有哪些？

①构成猪体组织的重要成分。

②脂肪在猪体内的主要功能与贮能形式。

③作为脂溶性维生素的溶剂，脂溶性维生素 A、维生素 D、维生素 E、维生素 K 及胡萝卜素，在肠道内必须溶于脂肪后，才能被猪消化吸收。

④脂类的保护作用。

⑤构成猪产品的成分。

⑥必需脂肪酸的特殊作用。

75　什么是必需脂肪酸？有哪些生物学功能？

必需脂肪酸指在猪体内不能合成，必须由饲料供给的不饱和脂肪酸，包括亚油酸、亚麻酸和花生油酸。

必需脂肪酸具有重要的生物学功能：

①参与磷脂合成，是猪体细胞膜和细胞的组成成分。

②胆固醇必须与必需脂肪酸结合，才能在猪体内转运和正常代谢。

③与猪的精子生成有关。

④必需脂肪酸是猪体内合成前列腺素的原料。

必需脂肪酸对猪，尤其是仔猪具有重要作用，缺乏时，仔猪生长停滞甚至死亡。必需脂肪酸的主要来源是植物油，玉米、大豆、花生、菜籽、棉籽等饲料中富含亚油酸。

76 饲料中脂肪对猪产品品质有何影响？

(1)对体脂肪的影响　猪所采食饲料中的脂肪性质直接影响体脂肪的品质。试验证明，在猪的催肥期，如喂给脂肪含量高的饲料，可使猪体脂肪变软，易于酸败，不适于制作腌肉和火腿等肉制品。因此，猪肥育期应少喂脂肪含量高的饲料，多喂富含淀粉的饲料，因为由淀粉转变成的体脂肪中含饱和脂肪酸较多。采取这种措施，既保证猪肉的优良品质，又可降低饲养成本。一般说来，日粮中添加脂肪对机体脂肪含量的影响较小，对体脂肪的组成影响较大。

(2)对乳脂肪品质的影响　饲料脂肪在一定程度上可直接进入乳腺，饲料脂肪的某些成分，可不经变化地用以形成乳脂肪。

77 矿物质对猪的营养作用是怎样的？

矿物质在猪体内含量为体重的2%～5%，但对猪的生长、繁殖和健康有重要作用，是不可缺少的营养物质。矿物质的营养作用有：

①矿物质是构成猪体组织、细胞和体液的重要成分，特别是骨骼的最主要成分。

②在调节体内酸碱和渗透压平衡方面起着重要作用，使体液保持恒定的pH和渗透压，以维持猪的正常生命活动。

③矿物质是维持神经、肌肉的正常功能所必需的物质。

④矿物质是猪体内多种酶的成分或激活剂。

⑤矿物质是构成猪产品的重要成分。

78 必需矿物质元素的概念及分类是怎样的？

必需矿物质元素指在这类元素占猪体重较小，但是在猪生理过程和体内代谢方面发挥着重要作用。缺乏时猪生长或生产受阻，甚至死亡，补给相应的元素，缺乏症状即可消失。

必需矿物质元素按照它们在猪体内含量的不同，通常划分为常量元素和微量元素。

常量元素是指猪体内含量大于体重0.01%的必需矿物质元素，包括钙、磷、硫、氯、钾、钠、镁7种；微量元素则是指体内含量小于体重0.01%的必需矿物质元素，包括铁、铜、锰、锌、碘、硒、钼、钴等(表 3-5)。

表 3-5　猪对主要微量元素的需要量和最大安全量　　毫克/千克

微量元素	仔猪		生长育肥猪	
	需要量	最大安全量	需要量	最大安全量
铁	78～165	3 000	37～55	3 000
铜	5～6.5	250	10	250～500
锌	78～110	2 000	37～55	2 000
锰	3～4.5	400	20～40	400
钴	0.1	50	—	50
硒	0.15～0.25	4	0.1～0.15	4
碘	0.03～0.14	400	0.13	400

引自：李同美等，《饲料添加剂》。

79 维生素对猪的营养作用有哪些？

维生素主要以辅酶和催化剂的形式广泛参与猪体内代谢的多种化学反应，从而保证机体组织器官的细胞结构和功能正常，以维持猪的健康和各种生产活动。维生素缺乏可引起机体代谢紊乱，产生一系列缺乏症，影响猪健康和生产性能，严重时可导致猪死亡。维生素供应过多时会出现中毒现象，过量的脂溶性维生素会引起严重的中毒症状，而过量的水溶性维生素相对毒性要小得多。

维生素的营养功能包括：

①调控营养物质的消化、吸收和代谢。

②激发和强化机体的免疫机能、抗应激。

③提高猪繁殖性能。

④改善猪产品品质。

⑤预防集约化饲养条件下的疫病。

⑥提高猪生产性能和养殖业的经济效益。

80 维生素分为哪些种类？

维生素是一类猪代谢所必需而需要量极少的低分子有机化合物，体内一般不能合成，必须由饲料提供或者提供其前体物。

按照溶解性将其分为脂溶性和水溶性维生素两大类。

(1)脂溶性维生素　维生素A、维生素D、维生素E和维生素K。

(2)水溶性维生素　维生素B_1(硫胺素)、维生素B_2(核黄素)、维生素B_3(泛酸)、维生素B_5(尼克酸)、维生素B_6(吡哆醇、吡哆胺、吡哆醛)、维生素B_7(生物素)、维生素B_{11}(叶酸)、维生素B_{12}(钴胺素)和维生素C。

81 赖氨酸对猪的营养作用是什么?

赖氨酸是猪体内合成细胞蛋白质、血红蛋白、酶蛋白、核蛋白及多肽激素所必需的氨基酸,也是脂肪代谢酶中肉毒碱的前提。具有增强猪食欲,提高抗病能力,促进外伤治愈的作用。

饲料中缺乏赖氨酸,会导致食欲降低,体况憔悴消瘦,瘦肉率下降,生长停滞。红细胞中血红蛋白量减少,贫血,甚至引起肝脏病变。皮下脂肪减少,骨的钙化失常。

植物性饲料,除大豆、豆饼粕富含赖氨酸外,其余含量均低。

赖氨酸常为猪的第一限制性氨基酸。饲料中的添加量一般为0.1%～0.2%。猪一般只能利用*L*-赖氨酸,*D*-赖氨酸无生理效果。

82 猪常用的能量饲料有哪些?有何营养特点?

常用能量饲料的营养成分见表3-6。

(1)玉米　玉米粗纤维含量少,脂肪含量高,无氮浸出物高,且主要是淀粉,所以消化率与可利用能值高;玉米的可利用能值是谷实类的籽实中最高的。因此号称"能量之王"。玉米蛋白质含量低(7%～9%),品质差,缺乏赖氨酸、色氨酸和蛋氨酸。

(2)大麦　大麦的蛋白质平均为11%;氨基酸组成中赖氨酸、色氨酸、异亮氨酸等含量高于玉米。

(3)小麦　可利用能值接近玉米。粗蛋白质含量居谷实类之首位,一般12%以上,必需氨基酸尤其是赖氨酸不足。

(4)小麦麸和次粉　蛋白质含量较高(15%～15.5%),但品质较差。维生素含量丰富,特别是富含B族维生素,矿物质含量丰富,但缺乏钙,磷含量高,但主要是植酸磷。不过已有研究证明,小麦麸存在较高活性的植酸酶。

(5)米糠和脱脂米糠　米糠中含有和17%左右的粗脂肪,含有大量不饱和脂肪酸，易被氧化酸败，不易保存。另外，米糠还含有胰蛋白抑制酶因子，其活性很高，饲用量过大或贮藏不当均会抑制生长。

(6)油脂　能值高，适口性好，注意氧化酸败。

(7)乳清粉　乳清粉是乳品加工厂生产乳制品的副产物，乳清粉具有良好的适口性和可消化性，能明显改善3～4周龄断奶仔猪的生产性能。

表3-6　常用能量饲料的营养成分

饲料名称	代谢能(兆焦/千克)	粗蛋白质(%)	粗脂肪(%)	粗纤维(%)	钙(%)	磷(%)
玉米	13.47	7.8	3.5	1.6	0.02	0.27
小麦	12.72	13.9	1.7	1.9	0.17	0.41
稻谷	11.00	7.8	1.6	8.2	0.03	0.36
大麦	11.21	13.0	2.1	2.0	0.04	0.39
高粱	12.30	9.0	3.4	1.4	0.13	0.36
燕麦	11.26	10.0	4.6	9.8	0.12	0.37
小麦粉	13.89	15.8	2.6	1.0	0.06	0.34
甘薯粉	12.18	2.8	0.7	2.2	0.03	0.04
木薯粉	12.10	2.6	0.6	4.2	0.30	0.12
马铃薯	2.58	1.9	0.1	0.6	0.01	0.05
米糠	11.38	15.0	17.1	7.2	0.05	0.81
麦麸	8.66	16.0	4.3	8.2	0.34	1.05

83　猪常用的蛋白质饲料有哪些？有何营养特点？

蛋白质饲料是指饲料干物质中粗蛋白质含量大于或等于20%、粗纤维含量小于18%的饲料。猪常用的蛋白质饲料可分为植物性蛋白质饲料、动物性蛋白质饲料(表3-7)。

(1)植物性蛋白质饲料　包括豆类籽实、饼粕类和其他植物性蛋白质饲料。肉羊常用的蛋白质饲料籽实包括大豆、豌豆、蚕豆等；饼粕类包括大豆饼粕、棉籽饼粕、菜籽饼粕、花生饼粕、亚麻饼粕、葵花籽饼粕和芝麻饼粕；其他植物性蛋白质饲料包括玉米蛋白粉、玉米酒糟类和浓缩叶蛋白。这类蛋白质饲料是猪生产中使用量最多的蛋白质饲料，蛋白质含量高，且质量较好，种类不同差异较大；粗纤维含量一般不高，基本上与谷类籽实近似，饼粕类稍高些；矿物质中钙少磷多，且主要是植酸磷；大多数含有一些抗营养因子，影响其饲喂价值。

(2)动物性蛋白质饲料　包括鱼粉、肉骨粉、肉粉、血粉以及蚕蛹等。

①鱼粉。粗蛋白质含量高，氨基酸组成比例平衡，一般进口鱼粉高于60%，国产鱼粉高于50%，粗灰分含量高，含钙5%～7%、磷2.5%～3.5%，比例适宜，利用率高，食盐含量高，一般为3%～5%，含有未知生长因子。

②肉骨粉和肉粉。肉骨粉是以动物屠宰后不宜食用的下脚料以及肉类加工厂等的残余碎肉、内脏、杂骨经高温消毒、压榨脱脂、干燥粉碎而得的粉状饲料。因原料组成和肉、骨的比例不同，肉骨粉的质量差异较大，粗蛋白质为20%～50%，粗灰分为26%～40%，脂肪为8%～18%。

③血粉。以畜、禽血液为原料，经脱水加工而成的粉状动物性蛋白质补充饲料。血粉干物质中粗蛋白质含量一般在80%以上，赖氨酸含量居天然饲料之首，达6%～9%，色氨酸、亮氨酸、缬氨酸含量也高于其他动物性蛋白，但缺乏异亮氨酸、蛋氨酸，总的氨基酸组成非常不平衡。血粉的蛋白质、氨基酸利用率与加工方法、干燥温度、干燥时间的长短有很大关系，通常持续高温会使氨基酸的利用率降低，低温喷雾法生产的血粉优于蒸煮法生产的血粉。血粉含钙、磷少，铁含量高。

表3-7　部分蛋白饲料营养成分

饲料名称	代谢能（兆焦/千克）	粗蛋白质（%）	粗脂肪（%）	粗纤维（%）	钙（%）	总磷（%）
大豆粕	10.04	47.9	1.0	4.0	0.34	0.65
棉籽饼	9.04	36.3	7.4	12.5	0.21	0.83
菜籽饼	8.16	35.7	7.4	11.4	0.59	0.96
花生仁饼	11.63	44.7	7.2	5.9	0.25	0.53
鱼粉（沿海）	11.80	60.2	4.9	0.5	4.04	2.90
肉骨粉	9.96	50.0	8.5	2.8	9.20	4.70
羽毛粉	12.62	85.0	2.6	1.5	0.30	0.77
血粉	10.25	83.8	0.6	1.3	0.20	0.24
蚕蛹渣	11.13	77.6	1.7	—	4.40	0.15

84 大豆饼粕有何营养特性？应用技术怎样？

(1)营养特性　大豆饼粕粗蛋白质含量高，一般在40%～50%之间，必需氨基酸含量高，组成合理。赖氨酸、异亮氨酸含量在饼粕类中最高，与谷实类饲料配合可起到互补作用。如经过膨化的豆粕适口性提高，不仅气味上比一般的豆粕香甜，蛋白质也便于消化吸收利用，尤其是利于消化机能不健全的仔猪利用。

(2)应用技术　大豆饼粕是大豆加工后的产品，含有一些抗营养因子。适当处理后的大豆饼粕是猪的优质蛋白质原料，适用任何种类、任何阶段的猪。但在仔猪人工代乳料中，应对大豆饼粕的用量加以限制，以小于 10% 为宜，否则易引起下痢。仔猪宜饲喂熟化的去皮大豆粕，育肥猪无用量限制。

85　猪常量矿物质饲料及使用特点？

(1)钠、氯补充料

①食盐。食盐是补充钠、氯的最简单、价廉和有效的添加源，可提高饲料的适口性，增强动物的食欲。食盐在畜禽配合饲料中用量一般为 0.25%～0.5%。食盐不足可引起食欲下降，采食量降低，生产成绩差，并导致异食癖。食盐过量时，只要有充足饮水，一般对动物健康无不良影响，但若饮水不足，可能出现食盐中毒。

②碳酸氢钠。碳酸氢钠俗称小苏打，除提供钠离子外，还是一种缓冲剂，可缓解热应激，保证瘤胃正常 pH。

(2)钙、磷补充料　含钙的矿物质饲料主要有：石粉、贝壳粉、蛋壳粉、碳酸钙和硫酸钙。

①含钙的矿物质饲料。石粉（石灰石粉）。石粉的用量如下：仔猪占饲料的 1%～1.5%，育肥猪为 2%，种猪为 2%～3%。

②含磷的矿物质饲料。常见补磷的矿物质饲料有磷酸氢钠（NaH_2PO_4）和磷酸氢二钠（Na_2HPO_4）。

③磷酸钙盐。磷酸氢钙的钙磷比例约为 3∶2，接近于猪需要的平衡比例。

(3)其他矿物质饲料　自然界一些其他天然矿物质饲料，如麦饭石、沸石和膨润土等。

常量矿物质饲料使用时要注意细度，重金属的含量不能超过国家卫生标准。

86　什么是猪饲料添加剂？

猪饲料添加剂是为促进营养物质的消化吸收、改善饲料品质、促进猪生长和繁殖、保障猪健康而掺入饲料中的少量或微量物质。一般我们把除玉米、豆粕等用量较大的原料以外，在配方中添加量很小的那些微量元素、氨基酸、药物等统称为添加剂。

87 猪常用饲料添加剂有哪些？

猪饲料添加剂分为营养性饲料添加剂和非营养性饲料添加剂。

(1)营养性饲料添加剂　包括维生素类饲料添加剂、矿物质类饲料添加剂和氨基酸类饲料添加剂。

(2)非营养性饲料添加剂　包括抗菌促生长类饲料添加剂、驱虫保健类饲料添加剂、中草药类饲料添加剂、酶制剂与活菌类饲料添加剂、调味类饲料添加剂、着色、乳化、黏结及吸附类饲料添加剂、抗氧化、防霉保鲜类饲料添加剂等。

88 使用猪饲料添加剂应该注意哪些问题？

①严格遵守国家的有关法律、法规、条例和细则。

②选择合适的饲料添加剂。饲料添加剂的种类很多，同时具有不同的特点，因此应根据各种饲料添加剂的特性，猪类型及生产目的，基础日粮特点等，选择适合的剂型。

③严格掌握饲料添加剂的使用剂量和使用时限，并在保质期内使用。

④在配合饲料中使用添加剂时，一定要混合均匀。

⑤准确掌握饲料添加剂之间的配伍禁忌，注意矿物质、维生素及其相互之间的颉颃关系。

⑥注意贮存条件，避免光、热及辐射。

89 如何识别掺假鱼粉？

常见的鱼粉掺假有：盐、统糠、面粉、薯片粉、贝壳粉、沙石、菜粕、棉粕、血粉、尿素等。识别方法：

(1)视觉　观察鱼粉的形状、色泽及有无杂物，掺杂尿素、盐、有白色的亮晶晶的小颗粒，掺杂棉粕、菜粕有黑色的壳和棉絮。一般脱脂后人工烘干的鱼粉色泽较深，为棕色，自然晾干的鱼粉色泽较浅，为黄色或白色。优质鱼粉有细长的肌肉束、鱼骨、鱼肉块等，烟焦的鱼粉发黑，掺有血粉有暗红色或黑色的粉状颗粒。

(2)嗅觉　优质的鱼粉呈咸腥味，依腐败程度相应产生腥臭味及刺激性氨臭味。掺有肉骨粉等嗅时会混有腥味。

(3)触觉　优质鱼粉经手捻后，质地松软，呈肉松状，劣质鱼粉或掺假鱼粉质地粗糙，故通过指捻，可以感觉其硬度、黏稠度及异杂物。

（4）水溶法　将试样2～4克加水4倍，搅拌后静止几分钟，一般麦麸、花生壳粉浮在上面，而鱼粉沉入水底，如鱼粉中混有河沙时，轻轻搅拌后，鱼粉稍浮起旋转，混入的泥沙则沉在底部而稍旋转。若是优质鱼粉加入水中，则上无漂浮物，下无泥沙，水较透明；若为劣质鱼粉，则加入水后，上有漂浮物，如糠麸、草粉等，下有沉淀物，且水会混浊。

90 如何识别掺假豆粕？

（1）气味、质地等指标进行鉴定　纯豆粕呈不规则碎片状，浅黄色到淡褐色，色泽一致，偶有少量结块，闻到豆粕固有豆香味。而掺入了沸石粉、玉米等杂质后，颜色浅淡，色泽单一，结块多，剥开后用于指捻，可见白色粉末状物，闻之稍有豆香味，掺杂量大的则无豆香味。如果把样品粉碎后，再与豆粕比较，色差更是显而易见，真品为浅黄褐色。在粉碎过程中，假豆粕粉尘大，装入玻璃容器中粉尘会黏附于瓶壁，而纯豆粕则无此现象。用牙咬豆粕发黏，而玉米粉则脆而有粉末。

（2）外包装检查法　颗粒细、容量大、价格廉，这是绝大多数掺杂物所共同的特点。饲料中掺杂了这类物质后，必定是包装体积小，而重量增加。豆粕通常是70千克包装，而掺杂了大量沸石之类物质后，包装体积比正常小。

（3）显微镜检查法　取待检样品和纯豆粕样品各一份，置于培养皿中，并使之分散均匀，分别放于体视显微镜下观察。

91 什么是猪配合饲料？

饲料企业为满足市场需求，加工出各种各样的产品，统称为配合饲料。配合饲料是根据饲养猪营养需要，将多种饲料原料按饲料配方，经饲料厂加工生产出的饲料。构成配合饲料的每种饲料原料称为组分。构成饲料产品的各种饲料原料或组分及其配合比例称饲料配方。目前猪场均采用猪配合饲料进行饲喂。

92 猪的配合饲料分哪几类？

（1）按营养价值分类　配合饲料（全价配合饲料）、浓缩饲料、添加剂预混料、精料补充料。

（2）按物理性状分类　粉状饲料、颗粒饲料（软颗粒饲料、普通颗粒饲料、破碎料、膨化颗粒饲料、块状饲料、液体饲料。

(3)按适用猪生长发育时期分类　商品肉猪按饲养阶段可划分为0～4周龄、5～7周龄、8周龄至出栏，而对应的饲料也分别称为教槽料、保育料、生长育肥期料。

(4)按照产品性能与价格分类　饲料产品可分成高、中、低档等。

93 猪的配合饲料配制时的基本原则是什么？

(1)营养性　配方营养水平设计合理，原料营养价值符合实际。

(2)可行性　配方应符合猪消化生理特点；饲料原料供应稳定，质量可靠，按原料设计配方，避免按照配方采购原料；原料种类、原料配合比例符合加工工艺要求。

(3)安全性和合法性　不使用国家不允许使用的原料和添加剂，生产和销售。

(4)经济性　组方和选择降低总体成本的原材料。

94 什么是猪的营养需要量？

猪的营养需要量是猪在维持正常生命健康、正常生理活动和保持最佳生产水平时，对各种营养物质及能量的最有效的供应数量。猪的营养需要包括维持需要和生产需要两部分。生产需要又可分为生长、肥育、繁殖、泌乳等的需要(主要以美国NRC(1998)标准和我国NY/T 65 —2004标准列表说明，见表3-8到表3-12，1卡＝4.18J)。

表3-8　仔猪营养推荐量

指标	单位	NRC(1998)			NY/T 65 —2004	
		3～5千克	5～10千克	10～20千克	3～8千克	8～20千克
平均体重	千克	4.0	7.5	15.0	5.5	14.0
日均增重	千克/天	—	—	—	0.24	0.44
采食量	千克/天	0.25	0.50	1.00	0.30	0.74
料重比		—	—	—	1.25	1.59
消化能	千卡/千克	3 400	3 400	3 400	3 350	3 250
代谢能	千卡/千克	3 265	3 265	3 265	3 215	3 120

续表 3-8

指标	单位	NRC(1998)			NY/T 65 —2004	
		3～5 千克	5～10 千克	10～20 千克	3～8 千克	8～20 千克
粗蛋白	%	26.0	23.7	20.9	21.0	19.0
能量蛋白比	千卡/%	131	143	163	160	170
赖氨酸能量比	克/兆卡	4.41	3.97	3.38	4.24	3.56
钙	%	0.9	0.8	0.7	0.88	0.74
总磷	%	0.7	0.65	0.6	0.74	0.58
有效磷	%	0.55	0.40	0.32	0.54	0.36
钠	%	0.25	0.20	0.15	0.25	0.15
赖氨酸	%	1.50	1.35	1.15	1.42	1.16
蛋氨酸	%	0.40	0.35	0.30	0.40	0.30
苏氨酸	%	0.98	0.86	0.74	0.94	0.75
色氨酸	%	0.27	0.24	0.21	0.27	0.21
蛋氨酸＋胱氨酸	%	0.86	0.76	0.65	0.81	0.66

表 3-9　生长育肥猪营养推荐量

指标	单位	NRC(1998)			NY/T 65 —2004		
		20～50 千克	50～80 千克	80～120 千克	20～35 千克	35～60 千克	60～90 千克
平均体重	千克	35.0	65.0	100.0	27.5	47.5	75.0
日均增重	千克/天	—	—	—	0.61	0.69	0.80
采食量	千克/天	1.86	2.58	3.08	1.43	1.90	2.50
料重比		—	—	—	2.34	2.75	3.13
消化能	千卡/千克	3 400	3 400	3 400	3 200	3 200	3 200
代谢能	千卡/千克	3 265	3 265	3 265	3 070	3 070	3 070
粗蛋白	%	18.0	15.5	13.2	17.8	16.4	14.5
能量蛋白比	千卡/%	189	219	258	180	195	220
赖氨酸能量比	克/兆卡	2.79	2.21	1.76	2.83	2.56	2.19

续表 3-9

指标	单位	NRC(1998)			NY/T 65 —2004		
		20～50千克	50～80千克	80～120千克	20～35千克	35～60千克	60～90千克
钙	%	0.6	0.50	0.45	0.62	0.55	0.49
总磷	%	0.50	0.45	0.40	0.53	0.48	0.43
有效磷	%	0.23	0.19	0.15	0.25	0.20	0.17
钠	%	0.10	0.10	0.10	0.12	0.10	0.10
赖氨酸	%	0.95	0.75	0.60	0.90	0.82	0.70
蛋氨酸	%	0.25	0.20	0.16	0.24	0.22	0.19
苏氨酸	%	0.61	0.51	0.41	0.58	0.56	0.48
色氨酸	%	0.17	0.14	0.11	0.16	0.15	0.13
蛋氨酸＋胱氨酸	%	0.54	0.44	0.35	0.51	0.48	0.40

表 3-10　公猪营养推荐量

指标	单位	NRC(1998)	NY/T 65 —2004
消化能	千卡/千克	14.21	12.96
代谢能	千卡/千克	13.65	12.44
采食量	千克/天	2.00	2.20
消化能进食量	兆焦/天	28.42	28.51
代谢能进食量	兆焦/天	27.3	27.36
粗蛋白	%	13.00	13.50
能量蛋白比	千卡/%	1 093	960
赖氨酸能量比	克/兆卡	0.55	0.57
钙	%	0.75	0.70
总磷	%	0.60	0.55
有效磷	%	0.35	0.32
钠	%	0.15	0.14
赖氨酸	%	0.60	0.55
蛋氨酸	%	0.16	0.16
苏氨酸	%	0.50	0.46
色氨酸	%	0.12	0.11
蛋氨酸＋胱氨酸	%	0.42	0.38

表 3-11　妊娠母猪营养推荐量

指标	单位	NRC(1998)						NY/T 65 —2004						
								妊娠前期（前 12 周）			妊娠后期（后 4 周）			肉脂型全期
配种体重	千克	125	150	175	200	200	200	120～150	150～180	＞180	120～150	150～180	＞180	—
妊娠体重	千克	55	45	40	35	30	35	—	—	—	—	—	—	—
预期产仔数	头	11	12	12	12	12	14	10	11	11	10	11	11	—
采食量	千克/天	1.96	1.84	1.88	1.92	1.80	1.85	2.10	2.10	2.00	2.60	2.80	3.00	2.10
消化能	千卡/千克	14.21	14.21	14.21	14.21	14.21	14.21	12.75	12.33	12.33	12.75	12.54	12.54	11.70
代谢能	千卡/千克	13.65	13.65	13.65	13.65	13.65	13.65	12.25	11.83	11.83	12.25	12.04	12.04	11.24
粗蛋白	%	12.90	12.80	12.40	12.00	12.10	12.40	13.00	12.00	12.00	14.00	13.00	12.00	13.00
能量蛋白比	千卡/%	1 102	1 110	1 146	1 184	1 175	1 146	981	1 028	1 028	911	965	1 045	900
赖氨酸能量比	克/兆卡	0.408	0.401	0.380	0.366	0.366	0.380	0.416	0.397	0.373	0.416	0.407	0.383	0.367
钙	%	0.75						0.68						0.62
总磷	%	0.60						0.54						0.50
有效磷	%	0.35						0.32						0.30
钠	%	0.15						0.14						0.12
赖氨酸	%	0.58	0.57	0.54	0.52	0.52	0.54	0.53	0.49	0.46	0.53	0.51	0.48	0.43
蛋氨酸	%	0.15	0.15	0.14	0.13	0.13	0.14	0.14	0.13	0.12	0.14	0.13	0.12	—
苏氨酸	%	0.44	0.45	0.44	0.43	0.44	0.45	0.40	0.39	0.37	0.40	0.40	0.38	0.35
色氨酸	%	0.11	0.11	0.11	0.10	0.10	0.11	0.10	0.09	0.09	0.10	0.09	0.09	0.08
蛋氨酸＋胱氨酸	%	0.37	0.38	0.37	0.36	0.36	0.07	0.34	0.32	0.31	0.34	0.33	0.32	0.30

表3-12 泌乳母猪营养推荐量

指标	单位	NRC(1998)						NY/T 65 —2004		
分娩前体重	千克	175	175	175	175	175	175	140～180	180～240	肉脂型母猪
预期泌乳期体重变化	千克	0	0	0	—10	—10	—10	0—10	－7.5～15	—
分娩前体重	千克	175	175	175	175	175	175	140～180	180～240	肉脂型母猪
仔猪日增重	克	150	200	250	150	200	250	—	—	—
预期产仔数	头	11	12	12	12	12	14	9	10	—
采食量	千克/天	4.31	5.35	6.40	3.56	4.61	5.66	5.25～4.65	5.65～5.20	5.10
消化能	千卡/千克	14.21	14.21	14.21	14.21	14.21	14.21	13.79	13.79	13.59
代谢能	千卡/千克	13.65	13.65	13.65	13.65	13.65	13.65	13.25	13.25	13.04
粗蛋白质	%	16.30	17.50	18.40	17.20	18.50	19.20	17.50～18.00	18.00～18.50	17.50
能量蛋白比	千卡/%	872	812	772	826	768	740	788～766	766～746	776
赖氨酸能量比	克/兆卡	0.577	0.640	0.683	0.626	0.683	0.725	0.683～0.674	0.660～0.681	0.582
钙	%	0.75						0.77		0.72
总磷	%	0.60						0.62		0.58
有效磷	%	0.35						0.36		0.34
钠	%	0.20						0.21		0.20
赖氨酸	%	0.82	0.91	0.97	0.89	0.97	1.03	0.88～0.93	0.91～0.94	0.79
蛋氨酸	%	0.21	0.23	0.24	0.22	0.24	0.26	0.22～0.24	0.23～0.24	—
苏氨酸	%	0.54	0.58	0.61	0.58	0.63	0.65	0.56～0.59	0.58～0.60	0.52
色氨酸	%	0.15	0.16	0.17	0.17	0.18	0.19	0.16～0.17	0.17～0.18	0.14
蛋氨酸+胱氨酸	%	0.40	0.44	0.46	0.44	0.47	0.49	0.420.45	0.440.45	0.40

95 什么是猪的饲养标准？

猪的饲养标准指根据科学试验结果，结合实际饲养经验所规定的每头猪在不同生产水平或不同生理阶段时，对各种养分的供给量或需要量，包括猪常用饲料的养分（能量、蛋白质、必需氨基酸、维生素、矿物质和微量元素等）含量表。猪的饲养标准是随着科学研究及生产的发展不断修订和完善的标准，生产实践中建议选用最新版本。地方品种一般使用国家标准，外血品种一般使用美国国家研究委员会（NRC）标准和英国农业研究委员会（ARC）标准，也可采用我国猪营养专委会修订、农业部颁布的 NY/T 65—2004 标准，配套系采用相应企业推荐的标准。

96 哪些饲料药物添加剂是允许使用的？

根据农业部 168 号公告《饲料药物添加剂使用规范》，饲料药物添加剂分为两类。第一类是农业部批准的具有预防动物疾病、促进动物生长作用，可在饲料中长时间添加使用的饲料药物添加剂，其产品批准文号为“药添字”。第二类是农业部批准的用于防治动物疾病，并规定疗程，仅是通过混饲给药的饲料药物添加剂，其产品批准文号为“兽药字”。第一类饲料药物添加剂有 33 种，其中可在猪饲料中使用的有氨苯胂酸（阿散酸）、洛克沙胂、杆菌肽锌、黄霉素预混剂（富乐旺）、维吉尼亚霉素（速大肥）、喹乙醇（禁用于体重未超过 35 千克的猪）、阿美拉霉素（效美素）、盐霉素钠（优素精、赛可喜）、硫酸黏杆菌素（抗敌素）、牛至油（诺必达）、土霉素钙、吉他霉素、金霉素、恩拉霉素。在使用药物添加剂时，应在饲料标签上标明，同时要注意停药期（表 3-13）。

表 3-13 猪饲料中几种常用抗生素添加剂用量　　克/吨

抗生素	猪只月龄	用量	停药期	备注
杆菌肽锌	4 月龄以下	4～40	0	几乎不吸收，组织残留少
维吉尼亚霉素	4 月龄以下	10～20	宰前 1 天	体重 45 千克以下猪禁用
硫酸黏杆菌素	2 月龄以下	2～40	宰前 7 天	
	2 月龄以上	2～20		
泰乐菌素	2 月龄以下	20～100	宰前 5 天	
	2～4 月龄	10～50		

续表 3-13

抗生素	猪只月龄	用量	停药期	备注
恩拉霉素	4月龄以下	2.5～20	宰前7天	
土霉素	2月龄以下	15～50	宰前7天	
	4月龄以下	10～20		
北里霉素	2月龄以下	5～35	宰前3天	促生长用
		80～300		防治疾病用

97 猪饲料配方设计的基本步骤是什么？

（1）确定配方的营养水平　参考国外（比如NRC标准）或我国猪饲养标准（见前面94问表），确定配方的营养水平，以氨基酸平衡日粮配方。

（2）根据猪场实际确定原料　选择在当地可以购买到的质量可靠、稳定，有长期货源，价格低廉，无霉变，适口性好的原料。

（3）通过计算筛选最佳配方　确定了原料和营养水平，就可以通过适宜的计算方法（比如试差法和对角线法）设计出满足营养需要的原始饲料配方了，如果使用专门的配方软件只要选定了营养水平和原料，设计出价廉能满足营养需要的配方就更加的简单了。

（4）验证配方效果　一个好的配方还需要经过生产实际饲喂验证，最终才能确定是否能用于商业化生产。

98 猪配方中常用的一些原料的用量是怎样的？

猪饲料配方中原料的应用要根据实际情况进行选择，一般的范围如表3-14所示。

表3-14　猪配方中常用原料的配比范围　%

原料	配比				
	生长育肥猪	后备母猪	哺乳母猪	妊娠母猪	种公猪
谷实类	35～80	35～80	50～80	30～80	50～80
玉米	40～60	50～60	50～60	50～60	50～60

续表 3-14　　%

原料	配比				
	生长育肥猪	后备母猪	哺乳母猪	妊娠母猪	种公猪
高粱	10～20	20～30	10～20	10～20	10～20
小麦	10～30	10～30	10～30	10～30	10～30
大麦	10～30	10～30	10～30	10～30	10～30
碎米	10～40	10～40	10～30	10～30	10～30
植物蛋白类	10～25	10～15	5～20	5～20	5～15
豆粕	10～15	5～15	5～20	5～20	5～15
花生粕	10～20	10～20	10～20	10～20	10～20
棉粕	5～10	10～15	2～4	—	—
菜粕	5～10	—	—	—	—
芝麻粕	5～10	5～10	10～15	10～15	10～15
豆科籽实	0～15	0～20	0～20	0～10	0～20
动物蛋白类	≤6	≤6	≤6	≤6	≤6
糠麸类	5～10	5～20	—	10～25	5～20
粗饲料	1～5	1～5	1～5	1～7	1～5
青绿青贮类	—	—	20～50	20～50	20～50
矿物质类	1～2	1～2	2～3	1～2	1～2
石粉、骨粉	1.5	1.5	1.5	1.5	1.5
食盐	0.5	0.5	0.5	0.5	0.5
酒糟	20～30	20～30	20～30	20～30	20～30
酵母	0～5	0～5	0～5	0～5	0～5

引自：《动物饲料配方》，张日俊，中国农业大学出版社。

引自：《实用畜禽饲料配方手册》，赵昌廷，中国农业大学出版社。

99 什么是好的教槽料？

教槽料一般是指哺乳期小猪从开食到断奶后 2 周左右所用的配合饲料。

好的教槽料不仅给仔猪补充营养，促进生长发育，提高断奶体重，还可使仔猪在哺乳期间学会采食饲料，适度刺激小肠绒毛，使其能够缓慢适应外来物质的刺激。减少断奶后因饲料品种、饲喂方式、营养代谢等变化所产生的各种应激。

好的教槽料需要优秀的配方、优质的原料、精细的加工工艺和严格的质量评定,是技术、采购、生产、品管各部门相互配合生产出来的产品。

100 如何配制猪教槽料?

(1)选定合理的营养标准　满足仔猪能量、蛋白质、氨基酸的需要,注意能蛋比,采用理想蛋白模式配制低蛋白质氨基酸平衡日粮,同时满足矿物元素和维生素的需要。

(2)原料的选择和处理　原料选择重点考虑猪的消化率、适口性和可消化氨基酸的平衡。蛋白来源以猪喜欢的优质白鱼粉、血浆蛋白粉、猪肠膜蛋白粉等蛋白品质最佳,植物性的发酵豆粕、大米、膨化小麦胚芽等品质较好;奶粉营养丰富,适口性好;含高乳糖的乳清粉有显著的促生长作用。植物性蛋白原料要预先进行膨化或者发酵处理,减少抗原的影响。玉米要经过玉米初清筛,清除杂质、霉变和破碎粒,严格把关玉米的水分和霉变。教槽料中油脂的选择以豆油、玉米油、椰子油等为主。饲料钙源最好选择甲酸钙,其在胃酸作用下可分离出游离的甲酸,降低胃内pH,有利于激活胃蛋白酶原,弥补仔猪胃中消化酶和盐酸分泌的不足,提高饲料养分的消化率;同时阻止大肠杆菌及其他致病菌的生长繁殖,同时促进一些有益菌如乳酸杆菌的生长。

(3)精细的加工工艺　目的就是保证原料充分熟化,达到最高的消化率和最佳口感。生产企业若没有膨化玉米等需要膨化或发酵的原料,可以采用二次制粒工艺,对原料粉碎采用超微粉,先高温熟化大宗原料如玉米、豆粕等耐热原料,降低抗原,提高消化率。后低温制粒,防止热敏性物质如乳清粉、葡萄糖、维生素等糊化失去营养价值。严格控制生产过程的每个细节,确保产品的品质。

建议购买饲料厂生产的教槽料为好,因为其生产条件好,加工出的产品质量好,方便使用。

101 什么是猪的预混料?分哪几种?

猪的预混料是由一种或多种饲料添加剂与载体或稀释剂按一定比例扩大稀释后配制的预混物,是猪配合饲料生产的中间产品,一般占饲料的0.02%～5.0%。猪的预混料有平衡饲料营养、改善猪生产性能、保障猪健康等作用,对饲料的使用效果影响较大。

按组成划分：

(1)单一预混剂　由一种或一类饲料添加剂与载体或稀释剂构成的均匀混合物称单一品种的添加剂预混料(常简称预混剂)。如维生素预混料、微量元素预混料、维生素预混料等。

(2)复合预混料　由微量元素、维生素、氨基酸和非营养性添加剂中任何两类或两类以上组分，与载体或稀释剂按一定比例构成的均匀混合物称复合预混料，常简称预混料。

102 什么是猪浓缩料？

猪浓缩饲料是由蛋白质饲料、矿物质饲料、微量元素、维生素和非营养性添加剂等按一定比例配制的均匀混合物，是配合饲料的中间产品，一般占配合饲料的10%～40%。由于添加的原料少，一般只有玉米和麦麸，简单方便，适合交通不便或购买原材料不方便的中小猪场和散养户使用。

103 后备猪营养需求有何特点？

饲料营养水平和蛋白质水平对后备母猪的生长发育尤其重要。后备母猪的营养水平和饲料喂量，与品种类型、体重大小等因素有关，根据相应饲料标准进行日粮配制。在达到80～100千克的后备母猪，根据体况要注意加料或限料。因此，体重在80～100千克以前的后备母猪，一般采用自由采食的方式喂料，测定结束后，根据体况进行适当限料，防止过肥或过瘦。另后备母猪饲料中钙磷和微量元素的需要高于育肥猪。

104 种公猪营养需求有何特点？

种公猪的营养水平和饲料喂量，与品种类型、体重大小、配种利用强度等因素有关。在季节性产仔的地区，种公猪的饲养管理分为配种期和非配种期。配种期饲料的营养水平和饲料喂量均高于非配种期。公猪能量需要比育肥猪低，公猪维持自身的生长需要、精液生成、配种活动等需要的能量。在营养需要上，公猪微量元素和维生素的需要量比育肥猪高。要养好公猪除了要用专门饲料，每天可添加0.5～1千克的青绿多汁饲料。

105 妊娠母猪营养需求有何特点？

妊娠母猪饲料主要是保证母猪有一个良好的体况，不能太肥，也不能太瘦，更重要的是能获得较高的产仔数和仔猪初生重。由于妊娠期母猪食欲旺盛，而采食能量过高会引起母猪过肥、产仔数降低等方面的问题，妊娠母猪宜适当增加日粮粗纤维含量、饲喂青绿多汁饲料等可减少母猪便秘。

106 泌乳母猪营养需求有何特点？

给泌乳母猪提供足量的养分，目的是获得最大的泌乳量，最佳的仔猪增重和母猪良好的繁殖性能。当泌乳母猪摄入的能量不能满足需求时，母猪就动用自身储备进行泌乳。而当母猪体重损失过大时，就会影响下一次发情。

泌乳母猪饲料消化能水平应达到 13～13.8 焦耳/千克，提高饲料能量水平的有效措施是添加脂肪，特别在夏季高温季节，不但可以提高泌乳母猪日产奶量和乳脂率，而且还可提高仔猪成活率。泌乳母猪对蛋白质的需求较高，粗蛋白含量要达 16.5％～18％；同时，泌乳母猪的维生素需要高于育肥猪。

107 猪饲料使用粉料好还是颗粒料好？

粉料未经过熟化加工，饲料消化利用率低，拉稀出现多，不及颗粒饲料；粉料使用过程中的浪费大，不如颗粒饲料能被猪吃干净；粉料使用在自动料筒里面不容易滑出，易堵塞，遇水还易结块引起霉变，颗粒饲料好一些；粉料容易导致猪在采食过程中进入眼睛和呼吸道，引起炎症。但是，粉料易于加工，设备投入小，方便加药拌料，饲料中的营养损失少，因此，猪场在小猪阶段最好使用颗粒饲料，中大猪阶段可以使用粉料或根据猪场实际情况使用。

108 猪饲料干喂还是湿喂好？

湿喂好。采用湿拌料饲喂，一方面可减少粉尘，从而减少呼吸道疾病；另一方面可提高猪的采食量，提高猪的生长速度和饲料利用率。喂湿拌料时饲料浸泡的时间不应超过 1 小时，否则，维生素就要受到损失。另外，夏天一定要对浸泡的容器用后立即清洗，防止饲料霉败。

109 猪粪的颜色决定了猪饲料的好坏吗？

评定饲料质量好坏，要看饲料转化率的高低，粪便颜色正常情况下是由采食饲料所组成的成分和猪的消化吸收能力所决定的。有些养猪户认为排黑粪的饲料就好，排黄粪的饲料不好。有些饲料厂家为了迎合养猪户的心理，在饲料中添加如腐殖酸和高含量的铜，产生黑粪便，并不能代表饲料一定好。生产无公害猪肉要求饲料中不得添加高铜，即使在其他情况下，为了环保需要也不提倡使用高铜。

110 猪饲料鱼腥味浓就是饲料中鱼粉多吗？

不一定。有些养猪户往往以饲料中鱼腥味大小来评定饲料中鱼粉含量多少和浓缩料质量好坏，这样的看法是不对的。当前市场有种叫鱼腥香的添加剂，加到饲料中就显得鱼腥味很浓，提醒养殖户要认识到这一点。养殖户应根据猪的长势、饲料的利用率等来判断饲料的好坏。

111 猪的皮肤颜色代表了猪饲料的好坏吗？

不能。有的养猪户认为，猪的皮肤发红，饲料就好。猪的皮肤颜色和毛管的亮度，是由饲料中的营养成分（主要是蛋白质、脂肪、维生素等）含量多少来决定的。有些饲料厂家在饲料中违规增加铜、铁、有机砷的含量，使猪的皮肤发红，在猪肉中大量残留，人们食用后有严重危害，同时会影响猪的健康。

112 如何选择市场上的猪饲料？

（1）看包装商标　正规厂家的饲料包装应是美观整齐、厂址、电话、适应品种明确，有在工商部门注册的商标。

（2）看饲料外观　通常正规厂家生产的饲料，混合是非常均匀的，不会出现分级现象，饲料颗粒大小基本统一，劣质饲料因加工设备简陋，无法保证饲料的品质，因此，从外观看较为粗糙。

（3）看颜色　某一品牌某一种类的饲料，它的颜色在一定的时期内保持相对稳定，所以，我们在选购同一品牌时，如果颜色变化过大，就有可能是假冒饲料。

（4）看生产日期　选购饲料时应注意保质期。凡超过保质期及没有注明保质期和生产日期的配合饲料,不要购买。

(5)看产品质量合格证　无合格证的,不要购买。

(6)看饲料标签　生产企业必须附具饲料产品标签,没有标签的饲料,根据有关规定不能经营,更不能购买。

(7)闻饲料气味　优质的浓缩饲料因使用鱼粉和豆粕较多,应有较纯的鱼腥味,而不允许有臭味或其他异味。目前,市场上有些用发霉原料制作的劣质饲料为了掩盖霉味而加入较高浓度的香精和鱼腥宝,因此有些饲料尽管特别香、特别腥,但并不是好饲料。因此,鉴别饲料的优劣,要眼观鼻闻相结合。

113 霉变饲料可以用来喂猪吗?

不能。轻微的霉变可引起呕吐、神经损伤、不发情、流产、拉稀等症状,目前已知的霉菌毒素有百种以上,主要有黄曲霉毒素、玉米赤霉烯酮、呕吐毒素等。

黄曲霉毒素是一种肝毒素,猪食入被黄曲霉毒素污染的饲料,会使肝功能下降,造成胆汁分泌减少,同时胰脏分泌的蛋白酶和脂肪酶活性降低,影响饲料中蛋白质和脂肪的吸收利用;它也是较强的凝血因子抑制剂,可造成组织器官淤血、出血;还可造成免疫系统正常功能的发挥受到干扰,使机体抵抗力下降,疫苗不能正常发挥作用,易发生或继发多种疫病。

玉米赤霉烯酮是一种具有雌激素作用的霉菌毒素,可引起母猪假发情、不发情、假孕及流产。麦角毒素的有毒成分为麦角生物碱,麦角毒素中毒可分为痉挛型、坏疽型和混合型。中毒症状主要为采食少,精神沉郁,有的可发生跛行,严重者尾巴、耳朵坏死。妊娠母猪常发生无乳症。

114 猪典型饲料配方实例有哪些?

见表 3-15。

表 3-15　几个典型的猪饲料配方实例

原料及营养水平	后备猪	育肥猪	妊娠母猪	哺乳母猪	种公猪	教槽料	仔猪料
玉米	60	59	58.5	59	43	43	40
豆粕	25	26	17	25	8	25	10
炒大豆粉	—	—	—	—	—	10	—

续表 3-15

原料及营养水平	后备猪	育肥猪	妊娠母猪	哺乳母猪	种公猪	教槽料	仔猪料
麦麸	10	10	7	7.5	5	—	10
大麦	—	—	—	—	35	—	30
鱼粉	—	—	—	—	—	12	9
草粉	3	3	15	5	8	—	—
贝壳粉	1.5	1.5	1	2	0.5	—	—
骨粉	—	—	—	—	—	0.4	1
食盐	0.5	0.4	0.5	0.5	0.5	—	—
微量元素	—	0.1	1	1	—	—	—
酵母粉	—	—	—	—	—	4	—
胃蛋白酶	—	—	—	—	—	0.1	—
乳酶生	—	—	—	—	—	0.5	—
砂糖	—	—	—	—	—	5	—
合计	100	100	100	100	100	100	100
营养水平							
消化能（兆焦/千克）	12.97	13.05	13.21	12.75	12.1	14.87	13.22
粗蛋白(%)	14.8	17.3	13.1	16.6	8	25.2	17.9
钙(%)	0.63	0.66	0.66	0.79	12.7	0.75	1.12
磷(%)	0.38	0.42	0.38	0.36	0.59	0.45	0.78
赖氨酸(%)	0.82	0.88	0.76	0.8	0.47	1.78	0.85
蛋氨酸＋胱氨酸(%)	0.38	0.65	0.58	0.37	0.55 0.33	0.49	0.49

引自:《猪饲料科学配制与应用》,王克健,金盾出版社。

115 降低养猪饲料成本的措施有哪些?

饲料成本占整个养猪成本的 70%～80%,降低饲料成本是提高养猪经济效益的关键环节。

(1)饲喂全价饲料　单独饲喂一种饲料,或饲喂几种组合不当的饲料,由于日粮营养不全或比例失调，尤其是粗蛋白质水平低或质量差，不能满足猪的营养需要，会使饲料转化率降低，造成饲料损失。

因此，应该按照饲养标准，把多种质优、价廉的饲料科学地组合起来，配制成营养物质适中、蛋白能量比例适宜的饲粮。

(2)避免浪费　一般的饲料浪费占全年饲料总量的 3%～10%。喂料要少给勤添，每次给料不超过饲槽的 1/3，尽量让猪把料槽内的饲料吃净后再加料，严防剩余饲料发霉变质。注意饲料及原料的保管，避免老鼠等。

(3)调整饲料配方　科学的使用配方，不擅自增加饲料营养成分或降低营养要求。适当使用饲料添加剂，尤其是使用提高饲料转化率的添加剂。

(4)改变饲喂方法　喂猪的干粉料不宜过细，可以添加 1%～3%的油脂，以防飞散损失；用湿拌料喂猪时要现拌现喂，否则在夏季饲料容易酸败；少喂勤添，定时定量，分次喂饲，食后槽内不剩料，每次添料以饲槽容量的 1/3～1/2 为宜；对妊娠期的母猪根据不同阶段进行限制饲养，每天喂给 1.8～3.5 千克饲料，可节省 10%～15%的饲料。饲槽结构不好，将损失 5%甚至 20%的饲料。饲槽以底圆、肚大为好。

(5)适时出栏　根据市场行情和猪的生长阶段，仔合适的时间出栏可以节省饲料。

(6)改变饲养方式　改地面平养为高床饲养，改人工加料为机械加料，可以减少饲料的不必要的浪费。

(7)尽量饲喂颗粒饲料　饲喂颗粒饲料也可以减少饲料的 10%～20%浪费。

(8)及时淘汰病残次猪　病残次猪发育不良，增长缓慢，饲料利用率低，饲养已经没有多大的经济利益。因此，平时注意观察猪群，及时淘汰病猪、弱猪、僵猪等，可以节约大量的饲料。

116　中草药添加剂在猪料中如何应用？

中草药添加剂是一种新型绿色的饲料添加剂，它具有无药物残留、促进生长、防病治病等作用，在育肥猪生产中具有增强免疫力、促进生长、提高饲料利用率、改善胴体性能和肉质等方面的作用。一般添加剂量为每吨饲料中添加 1～2 千克，饲喂一周或更长的时间，这需要根据猪群的实际情况决定。但是建议添加了中药添加剂后不要跟西药联合用药，以免造成药物的浪费和拮抗作用，甚至中毒。

117 引起猪咬尾的原因是什么？预防措施有哪些？

猪咬尾的原因：

(1)营养因素　当饲料营养不平衡时，猪群出现应激反应而咬尾咬耳。如饲料营养水平低于饲养标准；饲料配合不科学；育肥前期饲料中蛋白质质量不佳；维生素、铁、铜、钙、镁和食盐的缺乏以及纤维素的不足皆可发生咬尾咬耳症。

(2)环境因素　猪舍内环境卫生条件差，有害气体如氨、二氧化碳、硫化氢的浓度高，温度过高或过低，通风速度降低使猪群产生不适或休息不好均能导致猪群发生啃咬。在恶劣的环境中，光线过强也是一种应激，促使猪群发生恶癖症。

(3)管理因素　饲养密度过大；一栏猪体重大小悬殊太大；饲槽不够或饮水量不足；行为因素。

(4)疾病因素　外寄生虫可成为附加应激而起作用；体内寄生虫；猪贫血、尾尖坏死也可诱发猪咬尾咬耳的恶癖。

预防措施：

①满足猪的营养需要，饲喂全价饲料。当发现有咬尾时，可在饲料中适当增加复方维生素及矿物质，喂料要定时定量，严禁饲喂霉变饲料。

②合理组群，要将品种、体重、体质和采食量等相似的猪放在同圈饲养。

③饲养密度要适宜。猪的饲养密度一般应根据圈舍大小而定，原则是以不拥挤，不影响生长和能正常采食、饮水为宜。

④环境要求要有良好的通风、保温、防潮及适当的光照设施，以保证舍内卫生干燥、通风。

⑤仔猪断尾：可在出生后1～2天对仔猪进行断尾。

⑥被咬的猪要及时处理：用0.1%高锰酸钾冲洗消毒，并涂上碘酒，防止化脓。对咬伤严重的可用抗生素进行治疗。

⑦可在饲料中短期增加0.1%食盐或者添加一些抗应激药物。

118 如何解决猪白肌肉(PSE肉)的问题？

猪白肌肉(PSE肉)也称灰白肉，其颜色灰白，肌肉组织松软并伴有大量渗水症状。猪白肌肉使肉质、味道变差，保存时间短，影响销售。解决方法：

①选择优良品种。在育种中注意选择抗应激基因的品种，建立抗应激品系，充分利用地方猪种肉质优良的特性，引入优质外来种猪，选择合理的多元杂交方案，

生产优质商品猪。

②加强营养调控。育肥猪前期,饲料中粗蛋白含量17%～18%较为适宜;育肥猪后期,饲料中粗蛋白含量14%～15%为宜。正确添加矿物质及维生素,添加硒可改善猪肉嫩度,使外观新鲜。

③严格选择优质饲料原料,杜绝使用发霉变质的饲料原料。不用或少用菜籽粕、棉籽粕喂猪,一定要用时,其总量不宜超过日粮的8%,尽可能选用优质黄玉米、豆粕、鱼粉饲养育肥猪。

④平时在预防注射、治疗、去势、剪牙、断尾等操作中动作要轻柔,减少对猪体的过度刺激。销售运输过程中,猪装车前不能喂食,只喂给添加了维生素和电解质的饮水,可防止应激。

119 母猪蹄裂怎么防治?

每到秋冬和早春季节母猪蹄裂现象较严重,主要表现为关节肿大、蹄角质增生龟裂、蹄壳变硬、变脆出现破裂,造成猪步态不稳、悬蹄、跛行甚至爬行,严重影响母猪的生产性能和使用寿命,造成母猪非正常淘汰高。防治措施:

(1)加强饲养管理　气候转凉时,加强种猪舍的防风防寒措施,特别是防止北风直吹猪体。改善可能出现蹄裂的环境因素。

(2)注意后备种猪的选择与培育　后备种猪选择要留意种猪是否以蹄尖着地,通常蹄尖着地具有比较强健的猪蹄。注意在群体选择上,要加强对肢蹄结实度的多世代选择,进一步改良猪肢蹄,体尺结构和体型。

(3)改善饲料营养　配制营养平衡的全价饲料,确保矿物质、维生素、含硫氨基酸,尤其是生物素的供给量。

120 引起猪腹泻的营养因素有哪些?

(1)维生素的缺乏　引起仔猪腹泻的维生素主要有维生素B_1、维生素B_2、维生素PP和泛酸。

(2)矿物元素缺乏　引起仔猪腹泻的矿物元素主要有铁、锌和硒。

(3)饲料中粗蛋白的含量过高　在饲料粗蛋白水平较高的情况下,较多的饲料蛋白质进入大肠发生腐败分解,产生多量的尸胺、腐胺等毒性胺类物质,继而对肠壁组织造成损害,使肠道的蠕动加快和分泌增加,结肠对水分的吸收能力减弱,同时还使小肠绒毛水肿,最终引起消化不良性腹泻。同时,植物性蛋白是引起仔猪肠道发生过敏性腹泻的重要抗原物。

(4)电解质不平衡　饲料中的电解质平衡可直接影响仔猪体内和消化道内的电解质平衡，因此饲料中的电解质不平衡极易造成仔猪体内和消化道内电解质的不平衡，最终导致仔猪腹泻。

(5)饲料的 pH 过高　饲料中 pH 过高更会导致胃内酸度下降，为病原菌提供适宜的生存环境，必然大量繁殖，引起肠壁发炎、水肿，消化吸收能力降低，大量水分和营养物质被排出肠腔，从而引起仔猪腹泻、脱水、甚至死亡。

(6)有毒物质和抗营养物质　饲料氧化酸败、发霉变质，过期失效，微量元素超标，含有毒物质(如棉酚、芥酸、单宁等)等都有可能引发仔猪腹泻。而且，饲喂过多的轻泻性原料，仔猪也会发生腹泻。

四、猪的繁殖技术

121 公猪生殖器官是由哪些部分组成的？各有什么功能？

公猪的生殖器官由外生殖器官和内生殖器官两部分组成(图 4-1)。外生殖器官由阴囊、阴茎、包皮和尿生殖道组成，内生殖器官包括睾丸、附睾、输精管和副性腺。阴囊主要起保护睾丸和附睾的作用，调节睾丸温度，使产生精子的环境保持得最好，有利于精子的生成。阴茎是公猪的交配器官，在自然交配的情况下起到进入母猪生殖道，输送精子的功能。包皮是公猪体外保护阴茎的一层皮肤。尿生殖道是尿液和精液通过的共同通道，起于膀胱，止于公猪龟头。睾丸主要是精子生成和雄性激素分泌的重要场所。附睾分泌附睾液，为精子的成熟和储藏提供良好的液

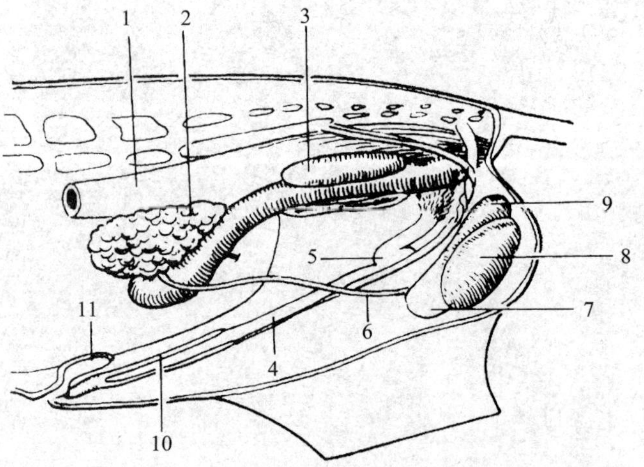

图 4-1　公猪的生殖器官

1. 直肠　2. 精囊腺　3. 尿道球腺　4. 阴茎　5. S状弯曲　6. 输精管　7. 附睾头　8. 睾丸　9. 附睾尾　10. 阴茎游离端　11. 包皮憩室

态环境，同时附睾管还有吸收睾丸液和运输精子的作用。输精管主要由平滑肌组成，当射精时由于平滑肌的收缩将精子由附睾排出到尿生殖道，从而进入母猪生殖道内。副性腺主要是精囊腺、前列腺和尿道球腺，具有冲洗尿生殖道，稀释、营养、活化精子的作用，同时在精子排除后，在母猪生殖道内形成阴道栓塞以防止精液的倒流。

122 母猪生殖器官是由哪些部分组成的？各有什么功能？

母猪的生殖器官由外生殖器官和内生殖器官两部分组成（图 4-2）。外生殖器官主要是阴户和阴道，内生殖器官由卵巢、子宫、输卵管组成。阴户由生殖前庭、阴唇和阴蒂组成，是母猪的外生殖器官。阴道的作用有三个，一是交配的器官，在交配时包住阴茎，接受精液，二是分娩的通道，仔猪成熟娩出时经过阴道排出体外，三是子宫颈、子宫黏膜和输卵管分泌物的排出通道。卵巢的功能是卵泡的发育和排卵，分泌雌激素和孕酮，保证母猪正常发情和妊娠。子宫的功能是储藏、筛选和输送精液，帮助精子获能，胚胎的附植，妊娠和分娩，调节卵巢黄体，促使发情排卵。输卵管的功能主要是运送卵子和精子，帮助精子获能、精子和卵子的结合受精、受精卵的分裂，还有分泌黏液的作用。

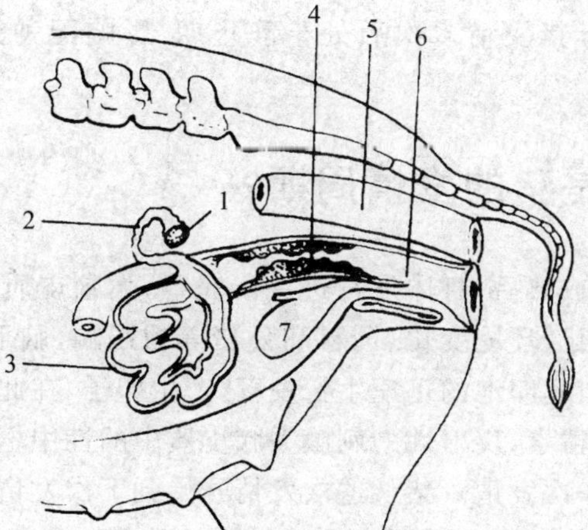

图 4-2　母猪的生殖器官

1. 卵巢　2. 输卵管　3. 子宫角　4. 子宫颈　5. 直肠　6. 阴道　7. 膀胱

123 什么是性成熟？

养猪场在饲养后备猪或在引进种猪后，经过一段时间的饲养，公猪出现性欲，喜欢接近母猪，公猪嘴里有泡沫流出，出现爬跨动作、阴茎有抽动和射精，这时会有精子产生；母猪出现性欲，愿意接受爬跨，如果是小群饲养的母猪之间会有相互的爬跨，母猪阴户会出现颜色、大小和黏液的变化，有卵子产生了，这个时候年轻的公母猪已经具备了繁殖的基本条件，我们就把它们叫作性成熟。但是这个阶段马上让它们参与配种生产，会明显减低使用年限，因为它们的身体各个器官还不够成熟，功能还不够完善，还没有体成熟。

124 什么是体成熟？

年轻的后备公猪和母猪，对于外血猪来说，需要大约 8 个月以上，地方品种的猪，约在 6 个月以上时，只要是生长正常，这时候各个组织器官和身体的发育都趋于成熟了，体重已达到了繁殖的条件，外血猪 110 千克，地方品种的猪 75 千克（个别品种体重还要小一些），这时候我们把它们叫作体成熟。只有同时具备性成熟和体成熟的年轻公母猪，其繁殖配种的使用年限才会正常，在生产实践中，因为一般性成熟较体成熟早，会等体成熟时或接近体成熟时才让其参与生产，过早会缩短使用年限，过迟会让母猪发情多次后处于静止期，影响配种繁殖，均不利于猪场的生产。

125 什么是猪的发情周期？

年轻母猪在性成熟后，身体发育进一步完善，大脑皮质受到外界的刺激，比如光线、声音、温度变化、环境变化、饲料和公猪等的影响，脑下垂体就会产生一种促卵泡成熟的激素，引起卵泡的迅速生长发育，产生卵子，在此过程中，卵泡会分泌一种让母猪发情的动情素，反射性的刺激大脑皮质中的性中枢，这时候母猪就有了发情表现，从而出现一次发情。猪从这次发情开始到下次发情开始会有一段时间，我们就把这段时间叫作一个发情周期。我们人为地把一个发情周期分为发情前期、发情期、发情后期和休情期四个时期，时间大约 21 天（图 4-3）。猪的一生中要经过很多次的发情周期，生产中正是利用母猪的发情周期来安排母猪的生产。

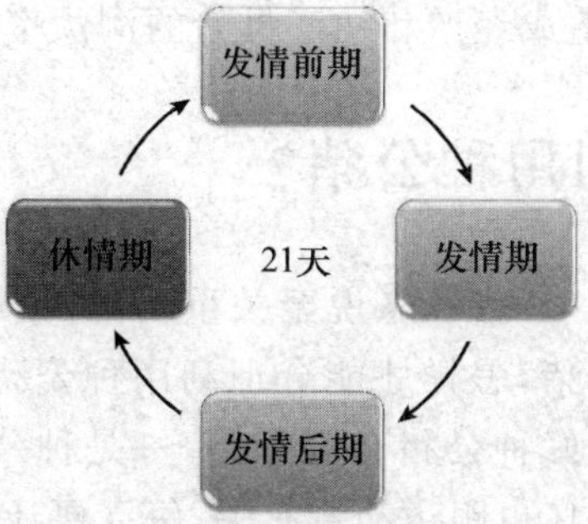

图 4-3　发情周期

126　影响性周期的因素有哪些？

影响性周期的因素有：

(1)气候变化　猪在不同的气候条件下，发情时间是不一样，极端的天气条件下，性周期的时间会延长，过冷过热都不利于母猪的发情配种，也会影响精子的存活。

(2)温度　猪最适宜的温度是 16～21℃，在这个温度范围或温度变化不太大时，猪的采食、性活动都正常，但过冷过热都影响猪的性欲，或者根本就没有了发情的表现。

(3)饲料　突然改换饲料或饲喂霉变饲料，会影响部分或绝大部分猪的采食，最终影响猪的生长发育和发情配种，或根本就不发情，这是近年来很多猪场配种难的一个根本原因。

(4)饲养方式　是单独饲养还是小群饲养，都会影响到母猪的发情表现，单独饲养时，发情表现不明显，很容易就放过了发情期，而群体饲养时，发情表现会明显很多，相互的爬跨和鸣叫会让配种显得容易一些。

(5)脂肪　体脂对性周期的影响也很大，正常能发情配种的母猪，体脂肪的要求至少占整个身体重量的 10%～20%，一旦脂肪含量小于 10%将导致不孕，这是一部分经产母猪在产房体脂肪损失过大引起的，而体脂肪含量高于 20%以上会导致产仔性能的下降，同时性周期会延长。

(6)是否接触种公猪　过频、极少或根本不接触种公猪都会引起母猪表现不发情或很难发情。

(7)疾病　猪群的疾病会影响到猪自身的发育，最终影响到发情配种，比如蓝耳病猪，出现乏情和不发情的猪就很多，附红细胞体病会直接影响猪的性周期，很长时间不发情，很难配种，造成经产和初产母猪的淘汰率很高。

127 怎么合理利用种公猪?

种公猪的合理利用对一个猪场来说至关重要，直接影响到了配种和母猪的生产，因此必须合理利用种公猪，怎样才能合理利用种公猪呢？首先是加强运动，保持种公猪合理的体重，把握好种公猪初配年龄，一是种公猪采精量的大小，跟运动的关系很大，精液质量的好坏也跟运动量有关，每天要让种公猪保持 2 小时左右时间的运动，初配年龄至少 8 个月以上，体重 100 千克以上；二是合理的使用次数，使用频率直接影响到了精液的数量和质量，使用过少，死精和畸形精子会很多，使用过频，会使精液浓度偏小，采精量减小，精子数量很少，一般年轻公猪（2～4 年）以每周 2～4 次为宜，一年以下年轻公猪和老年公猪（4 年以上）以每周 2 次合适，如果长期不用，也应该每周采精弃去，以保证公猪精液质量；三是合理饲喂，一般种公猪应该使用种公猪饲料饲养，不能使用其他饲料饲喂，很多场使用母猪料或小猪料饲养种公猪，也会导致公猪精液质量下降，因此不能使用其他饲料，饲喂的量以每天 3～3.5 千克分二次饲喂，不是配种旺期少喂，在配种旺期时，每天除正常饲喂以外，还应该每次采精或配种后给予鸡蛋 1～2 个，还可以在饲料中单独添加优质鱼粉 0.25 千克；四是加强管理，种公猪单圈饲养，保持合适温度，避免强力驱赶，科学调教，避免自淫，对有恶习的种公猪要坚决淘汰，配种要有专门的场地，地面平整防滑，太滑要加防滑垫，夏季要在早晚采精配种，冬季要在早晚温暖时采精配种。有条件的最好让种公猪住空调房间。采精配种不能强力驱赶，也不能在配种采精后用冷水冲洗公猪身体；五是采精手法要科学，人工采精的种公猪，必须专人调教，专人饲养，专人采精，采精时手法娴熟一致，要采到没有精液流出时为止，不能半途而废，长期不合理的采精也会导致种公猪的提前淘汰。

128 后备猪进入配种的条件是什么?

后备猪要经过几个月的饲养，其间，我们会有多次的选种，把不合格的、不符合我们留种条件的后备猪必须不断淘汰，留下那些符合本品种特征，生殖器官和乳头、四肢等发育正常，身体条件达到了性成熟和体成熟，有了性欲和发情表现的猪，注射完配种前的各种疫苗，这时候就可以进入配种了，一般外血猪需要 8～10 个月，体重 110 千克，本地猪需要 6～8 个月，体重 75 千克（个别本地品种猪可以适当放宽），各品种的猪必须同时具备这样的条件才能参与配种，否则提前配种的后果是产仔性能不好和使用年限的缩短，不能充分发挥后备猪的生产潜能。

129 母猪的发情表现有哪些？

母猪的发情表现一是精神，母猪发情时，耳朵直立，目光呆滞，大声鸣叫，呆立一隅，或爬跨圈栏和其他母猪，人走进时会跟着人走，或用嘴咬人衣裤，有的母猪还会有减食甚至食欲废绝，地方品种特别明显；二是阴户颜色的变化，发情前阴户颜色较浅，发情开始后会逐渐变深红色，至发情结束又会逐渐变浅；三是阴户大小的变化，发情前阴户紧缩，发情开始后阴户逐渐水肿胀大，发情旺期时甚至有透亮的感觉，一摸就破的感觉，随着发情结束阴户逐渐变小，回到原来紧缩的状态；四是黏液的变化，发情前黏液浓稠，颜色深，发情开始后黏液由浓变稀，直至透明可以拉成丝状，随着发情的结束，阴门常有草等黏着，黏液逐渐恢复原来黏稠的状态；五是是否接受爬跨，发情前母猪不接受母猪或公猪爬跨，也不接受饲养人员按压骑坐，发情开始后，特别是在发情旺期时，母猪开始接受人员按压骑坐和其他猪只的爬跨，我们常常把这种情况叫作静立反射，而随着发情结束，静立反射逐渐消失，母猪回复到原来发情前的状态，不再接受人的按压骑坐和其他猪只的爬跨。

130 怎么确定适配时间？

如何确定发情母猪的适配时间，比较实用和准确的方法是根据母猪的发情表现，选择合适的配种时机，有“一看二摸三配种”的说法，所谓“一看”就是看母猪的精神状态，是否双耳直立，目光呆滞，大声鸣叫，阴户的颜色和大小变化，黏液颜色和浓稠度的变化，阴户充血红肿，黏液清亮可以拉丝，排尿频繁；“二摸”就是摸黏液的浓稠度，是否黏手，按压母猪背腰部，母猪呆立不动，人骑上去它也不走，母猪屁股还向后靠，这时候就可以是“三配种”了，不过俗话说得对“老配早、少配晚、不老不少配中间”，即年老和胎次较多的母猪，发情持续期很短，一般应该当天发情下午配种，下午发情次日配种；后备母猪发情时间长，一般在出现静立发射、人按压腰背部不动时开始的36～48小时配种最为合适，中年经产母猪，已经有一定配种经验，这时候发情我们一般是在第二天进行配种。一般情况下只要配种时机掌握得好，一次配种即可，但是保险起见，现在规模场都是采用二次复配的方式，增加了受胎和产仔数。二次复配是在一次配种的基础上，使用同一头种公猪（也可以使用不同的种公猪，这是商品猪场的做法，种猪场是不这样做的，因为要求血缘清晰明确），时间间隔8～12小时再进行一次交配的方式见图4-4。

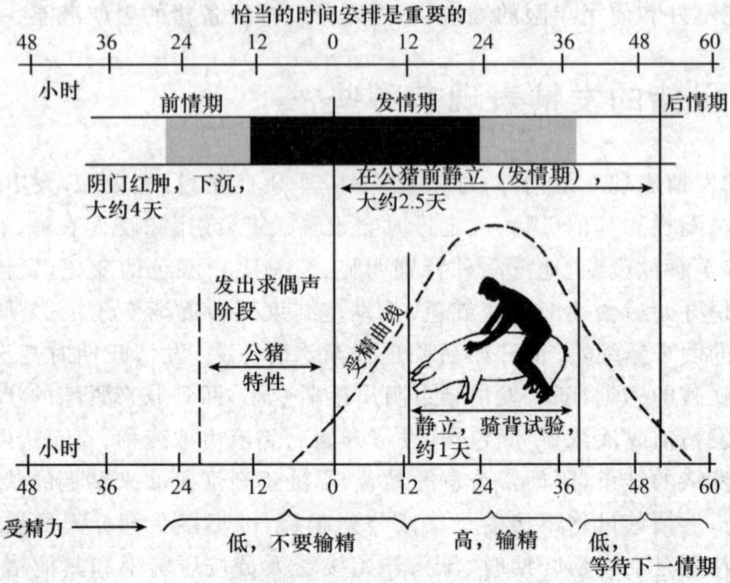

图 4-4 配种时间表

131 怎么进行选配？

在养猪生产实践中，选配是个必需的生产原则，对于猪种的改良，提高养猪生产水平作用很大。简单说所谓选配就是哪头母猪跟哪头公猪交配的原则，为了充分发挥优质种猪的生产性能，提高其生产效率，改良另一种猪的某一方面或某几方面的遗传性状，我们一般采取异质选配来进行猪种性状的改良，比如使用国外品种的公猪跟本地母猪杂交，一方面提高了杂交一代的胴体瘦肉率和屠宰率，另一方面还部分保留了本地猪的肉质性状和产仔性状，体现出了选配的优点。因此选配目前在生产实践中得到了广泛的应用，也给世界各国养猪业带来了翻天覆地的变化。

132 配种的方式有哪几种？各有何优缺点？

猪的配种方式有三种：自然交配、人工辅助交配和人工授精。

(1)自然交配　将公母猪放养在一起，任其自由交配，自然地繁殖后代，这种方法的优点是优胜劣汰，公猪体格健硕，获得配种的机会和频率就高，反之则很少甚至没有配种的机会，这在自然界中对于增强猪群的体能和遗传性状是个很好的方法，但是它的缺点是某头公猪的配种机会和频率过高，引起精液质量的下降，导致生产性能的下降，过度交配的结果是公猪使用年限的下降和受胎率不高，同时由于公母猪体格体型差异太大时将无法配种成功。

(2)人工辅助交配　人为的有目的地将公母猪分群饲养，公母猪的交配严格地限定在一定的时间和空间内进行，当一头母猪发情后，经过发情鉴定，确定某一头公猪跟它进行配种，然后把它们单独关在一起，进行交配，必要时可以人工进行辅助，一旦交配成功，则将它们分开关入各自的圈栏，这种方法的优点是克服了自然交配的缺点，有选择地进行交配，可以充分地利用种公猪，避免遗传疾病的发生，达到优生优育的目的，种猪场以前大多采用这种方法，缺点是需要人工多，费事，自然交配和人工辅助交配需要的公猪饲养量大，一般是公母比例为 1：(20～30)。

(3)人工授精　通过人工采精的方法采集种公猪的精液，经过人工处理的精液，再通过人工的方法再次将此精液输入发情母猪的子宫内或子宫颈内，形成受精卵繁殖后代，这种方法使用种公猪少，公母比例一般为 1：(200～300)，可以大大降低饲养种公猪的费用，同时可以最大限度地发挥优质种公猪的遗传性能，缺点是采精和输精要求的技术高，配种时机的把握要求严格，不如自然交配好，因此熟练的技术人员是人工授精成功的基础。

133　后备公猪怎么调教？

后备公猪的调教应当在配种开始前进行，当后备公猪在 6 月龄，体重接近 75 千克时，应当进行配种采精的调教，首先把后备公猪全身清洗刷拭干净，赶入采精栏，假母台事先涂抹发情母猪分泌的黏液和尿液，还有其他配种公猪的精液，在后备公猪爬跨假母台开始抽送时，采精员从公猪的左侧面进入猪栏，观察包皮是否正常，积尿是否严重，挤干净包皮液，轻轻按摩包皮，刺激公猪阴茎勃起，然后用0.1%高锰酸钾溶液清洗包皮及其周围，再用卫生纸擦干净，检查阴茎是否正常，软硬度，是否有损伤，阴茎是否能伸出等，待阴茎伸出后用右手抓住阴茎头的部分，大拇指朝前，可以把阴茎抓握在手中，一松一紧适当用力，大拇指用指腹轻轻按压阴茎龟头，如阴茎转动，手握住阴茎向反方向转动，直到射精开始，经 15～20 分钟，精液不再流出为止，采完精液，阴茎会自动收缩回去，这时候采精员的手要慢慢松开，让猪自己跳下假母台，采精结束。经一月左右的调教，后备公猪即可进入配种或待售。如若性欲不强，可以适当地观摩学习其他公猪的采精配种，这是加强种公猪条件反射的方法之一，通过观摩其他公猪的爬跨和采精，刺激种公猪的性欲，利于后备公猪的调教(图 4-5)。

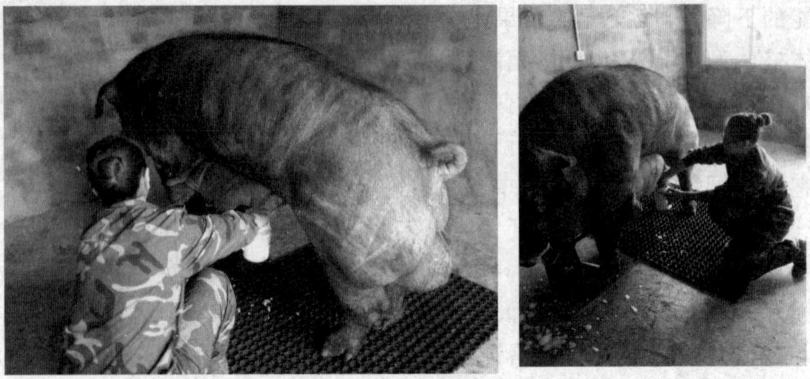

图4-5　人工采精

134 调教公猪应该注意些什么问题?

后备公猪的调教首先最好是采精员自己饲喂要调教的公猪,每天刷拭公猪体表,让其充分运动,不强力驱赶和粗暴对待公猪,与之建立感情,利于调教;二是采精栏的地面要平整防滑,可垫上防滑垫或撒些稻草锯末等;三是假母台的高度要合适,一般是假母台尾部与公猪肛门同高;四是要调教的公猪最好是在6月龄,75千克左右开始,每天调教2次,每次15～20分钟,在此时间内如不成功应让公猪休息,赶回栏内次日再进行,如成功,则于次日重复采精,然后休息2天,再进行采精训练,便于公猪条件反射的建立,经一月左右即可调教成功;五是不爬跨或性欲差的公猪,可以使用观摩法,让其观看其他公猪采精或配种,或者使用发情旺期的母猪跟其接触,刺激性欲,还可以使用发情母猪的分泌物和尿液诱导公猪,也可以用手轻轻刺激包皮;六是采精的手法要正确,采精要彻底,不能对公猪采精时用力过猛,也不能在采精还未结束时即松开握住阴茎的手或握力不够,都会使公猪不舒服,痛苦,导致调教失败。

135 采集精液需要哪些设备?

采集精液需要的设备(图4-6)有:1 000毫升集精杯、100毫升输精瓶、过滤纸或无菌纱布、一次性卫生手套、防滑垫、假母台、采精栏、水盆、毛巾、数显干燥箱、17℃恒温冰箱、双重蒸馏发生器、数显恒温水浴锅、振荡器、电子秤、显微镜、载玻片、玻璃水银温度计、分光光度计、精子密度仪、垃圾桶、精液运输箱。

图 4-6 人工授精室一角

136 怎样进行人工采精?

目前人工徒手采精是我们常用的方法,优点是操作简单方便,设备简单,成本低廉,还可以分段采精。徒手采精法是在公猪爬跨假母台开始抽送时,采精员从公猪的左侧面进入猪栏,挤干净包皮液,轻轻按摩包皮,刺激公猪阴茎勃起,然后用卫生纸擦干净包皮及其周围,待阴茎伸出后用右手抓住阴茎头的部分,大拇指朝前,可以把阴茎抓握在手中,一松一紧适当用力,大拇指用指腹轻轻按压阴茎龟头,如阴茎转动,手抓住阴茎向反方向转动,直到射精开始,精液前段清亮的液体弃去不要,然后用集精杯采集后段精液,采精期间公猪会有 1～2 分钟停留,这时候不能松手,待其休息一会又会接着射精。经 15～20 分钟,精液不再流出为止,采完精液,阴茎会自动收缩回去,这时候采精员的手要慢慢松开,让猪自己跳下假母台,采精结束。然后给予公猪 1～2 个鸡蛋奖励,加强条件反射的建立。

137 怎样进行公猪精液质量检查?

公猪精液质量检查(图 4-7)主要看几个指标:

(1)精液量　一般正常采精量在 200 毫升左右,低于此数量是精液少,可能是采精次数过多或手法不对引起,个别公猪采精量很大,可达 500 毫升以上了。

(2)精液的颜色和气味　精液颜色为白色或乳白色,黄色或红色都不正常,气味略带腥味,如出现臭味等其他味道都不正常。

(3)精液的 pH　一般是在 7～7.6,略为偏碱。

(4)精子密度与活力　精子的密度要在 0.8 以上,活力不低于 0.7。

(5)死精和畸形　一般不超过 20%。过高则精子密度很小，精液质量很差。

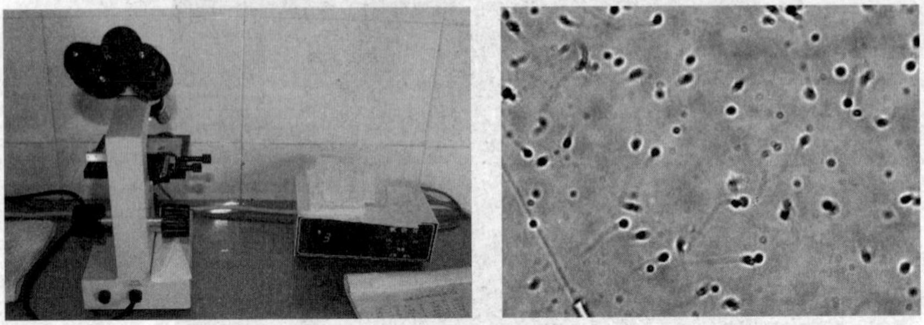

图 4-7　显微镜及精子

138 如何稀释猪精液？

采集的猪精液，鲜精的贮存时间一般不超过 30 分钟，我们在生产实践中，都要经过稀释后，才能在常温或低温下保存，或者制成冷冻精液保存(图 4-8)。稀释剂可以自己配制也可购买。经检验合格的猪精液，稀释时稀释液跟猪精液的温度要接近或相等，一般采出后的猪精液温度在 35℃左右，因此稀释液温度也要相应的要在 35℃左右，一般稀释液需要加热至 33～37℃，然后把稀释液慢慢沿集精杯壁加入待稀释的猪精液中，轻轻摇动或使用玻棒搅拌混合均匀。精液的稀释倍数由该猪精液的密度和精子活力决定，我国要求每个输精剂量含有效精子数 40 亿/(100 毫升·头份)，因此可用如下方式计算：

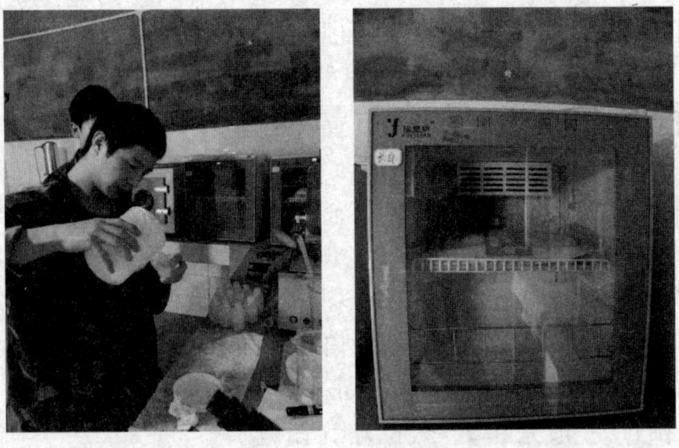

图 4-8　分装保存精液

精液稀释液添加量=(采精量×精子密度×精子活力÷40)×100-采精量

比如某头公猪采精量为300毫升,精子密度是2亿/毫升,精子活力是0.8,计划稀释后的精子密度为40亿/(100毫升·头份),则此种公猪精液稀释添加量为(300×2×0.8÷40)×100-300=900(毫升)。

139 怎么保存精液?保存的方法有哪几种?

精液保存的方法有三种:常温液态保存、低温液态保存和冷冻精液固态保存。但最常使用的是常温液态保存,即使用冰箱保存在16~18℃之间,如加入精液保护剂(表4-1),可以保存一周,如不加入精液保护剂,一般2天内必须用完,但在用前都需要从冰箱拿出摇匀,静置片刻后进行精子活力的检查,低于0.6的最好弃置不用,如果活力下降太快,要查明原因,是否灰尘和水质的影响,或者精液保护剂、稀释剂的使用有问题。

表4-1 常用的精液保护剂配方

成　分	保存4天	保存7天
葡萄糖	37.15	11.5
柠檬酸钠	6.0	11.65
碳酸氢钠	1.25	1.75
氯化钾	0.75	—
EDTA	1.25	2.35
青霉素	0.6	0.6
链霉素	1.0	1.0
聚乙烯醇	—	1.0
三羧甲基氨基甲烷	—	5.5
柠檬酸	—	4.1
半胱氨酸	—	0.07

140 影响人工授精的因素有哪些?

人工授精的影响因素很多,但是主要的有:①人员的因素,一个固定的、操作熟练的配种员,由于很好地建立了人猪的相互信任,因此采精和配种都很顺利,对猪的生产成绩有直接的影响，可以提高母猪生产成绩，配种人员不稳定、技术不熟练都会影响到母猪的繁殖成绩；②精液的稀释和保存，应该使用专门的稀释剂，在17℃冰箱中保存并在一周内使用完；③实验室的设施设备、试剂必须保证精液的稀释和保存；④种公猪的疫病，感染了某种疾病的种公猪，采集的精液会对配种成绩和仔猪的质量带来直接的影响；⑤温度的影响，温度过高过低都会影响人工授精的成绩；⑥水质的影响，要使用重蒸水，水质不好、硬度太大或水中有异物都会影响精子的存活。

141 输精前怎样进行准备工作？

输精开始前首先是精液的准备，现场采集种公猪精液稀释分装或取出稀释分装后保存在冰箱中的精液进行精子活力的检查，只有精子活力大于 0.7 才能用于输精；二是人员的准备，输精人员要认真清洗双手并消毒，或者使用一次性卫生手套；三是器材的准备，主要是一次性输精管、润滑剂、消毒剂、水桶、毛巾或卫生纸等；四是授精母猪的准备，使用清水清洗干净母猪阴户后，用毛巾擦干，再使用0.1%高锰酸钾水溶液清洗外阴及其周围部分，然后用卫生纸擦干，就可以准备配种输精了。

142 人工授精的注意事项有哪些？

①要使用一次性输精管，在其前端涂上润滑剂，斜向上 45°角插入母猪阴户，输精管进入阴户后要顺时针旋转，慢慢插入，到不能插入并回拉不动时，才可以接上输精瓶，并在输精瓶的底部用针头扎一小孔，便于输精。

②输精前避免母猪和公猪接触，但在输精时最好把种公猪赶到输精母猪的前面，使母猪性兴奋，输精会更顺利，同时输精员可以骑坐在母猪身上，或者使用配种夹，或者按摩母猪的乳房和外阴，模仿公母猪的交配动作，利于母猪对精液的吸入。

③每次输精的时间一般在 15 分钟左右，要把握好输精的速度，不要过快和过慢，也不要用手去挤压输精瓶，要让精液在母猪子宫收缩的负压下自然吸入，时间太长则使输精管没在子宫颈内被锁定，要重新调整输精管的位置。

④输精后要防止母猪精液倒流，输精后的母猪不能马上让它睡下，也不能给予太凉的水喝，可以轻按母猪背部，输精结束不马上抽出输精管，可以让其留在母猪阴户内留一些时间，待其自然排出，如果精液倒流太多的母猪，要重新输精。

143 影响种公猪性欲的因素有哪些？

影响种公猪性欲的因素很多，主要的是：①过度使用，没让公猪得到合理的休息，连续几天或一天几次采精配种，引起性欲低下，一般年轻公猪（2～4 年）以每周 2～4 次为宜，一年以下年轻公猪和老年公猪（4 年以上）以每周 2 次合适；②运动量不足，一般每天要有约 2 小时的运动时间，运动不足，种公猪过于肥胖，性欲就差；③饲料中某种或某几种微量元素或维生素缺乏，导致种公猪精液质量和数量都差，种公猪性欲差；④种公猪的疫病，比如乙脑导致的睾丸炎，导致睾丸萎缩，直接影响到种公猪的性欲；⑤气候的原因，天气太冷或太热，都会让种公猪性欲低下，种公猪舍的温度最好能保持在 20℃左右，不要低于 13℃，也不要高于 26℃；⑥种公猪自淫，会导致种公猪使用时性欲差。

144 促进母猪正常发情排卵的方法有哪些？

促进母猪正常发情排卵的方法有：①合理并群，外血母猪发情不明显，可以采用小圈饲养的方式，便于母猪的正常发情排卵；②适当的运动，使用母猪运动场，驱赶母猪每天运动半小时左右，可以促进母猪正常发情排卵；③公猪诱情，对久不发情的母猪，使用公猪诱导，关入同一栏圈，让其与试情公猪充分接触，可以刺激母猪正常发情排卵；也可以使用 PG600 喷洒母猪头部，通过呼吸道黏膜吸入 PG600 后诱导发情；④乳房按摩，每天 15 分钟左右，按摩母猪乳房至微微发热，皮肤发红，可以刺激母猪正常发情排卵；⑤使用激素，常用的是孕马血清，一次性肌肉注射 800～1 000 国际单位，或者三合激素，一次性注射 2 毫升，一般 3 天后可以发情排卵。还可以在配种前 2 小时使用促排二号 200 微克，促进发情排卵，一般不建议使用雌二醇，容易造成假发情，很难配上种；⑥使用某些中药刺激母猪正常发情排卵，比如淫羊藿 100 克，加入母猪饲料中饲喂一周；⑦饲料中加入黄酒 100 毫升饲喂一周，可以促进母猪正常发情排卵。

145 配种的注意事项有哪些？

配种的注意事项：①专人配种，每个猪场都要使用专门的配种人员，固定下来，不要随时变换，才能提高母猪的繁殖性能和生产成绩；②选择一个适宜的配种时间，根据母猪出现发情表现的时间来确定配种的时间，初配母猪要适当延迟，经产母猪要及时配种；③种公猪和种母猪在采食后的半个小时内不要配种，增加心脏负担；不能在种公猪运动后马上进行配种；④充分考虑到气候和温度，夏秋季尽量在凉爽时的早晚配种，冬季在早上 10 点前和下午 4 点配种较为合适；⑤如果是自然交配，公母猪的体型不能差异太大，且配种的场地不能太滑，以免不能正常配种。

146 如何正确给母猪配种？

如果给母猪配种是自然交配，要在专门的配种栏内进行，配种栏设在空怀配种舍里面，大小 8 米^2 左右，配种时，赶入需要配种的母猪和公猪，当公猪爬跨母猪后，如果能顺利交配，配种员在一边只需要静静等待公猪自然配种后从母猪背上滑下，这个时间需要 15 分钟左右，如果不能顺利交配，需要人工辅助配种，帮助公猪进行交配，可以从侧面拉开母猪的尾巴，同时以一手呈握拳状，空出手心，帮助公猪阴茎顺利进入母猪阴道，或者手握公猪包皮引导阴茎进入母猪阴道，顺利完成配种，同时配种间要保持安静，避免噪音或驱赶公猪，干扰公猪与母猪配种的顺利进行，配种完成后要按压母猪腰荐部，以免母猪配种后精液流出体外，最后是及时完成配种记录表格的登记，便于推算预产期和以后返情的再次配种以及过后的查对血缘。如果给母猪配种是人工授精，则可以在配种妊娠栏内完成，相关内容请参见人工授精注意事项部分。

147 猪冷冻精液可以用于养猪生产吗？

随着世界畜牧业的发展，冷冻精液技术也逐渐发展成熟，冷冻精液在牛羊及其他动物的应用上已取得了很大的成功，但在猪冷冻精液的应用上，结果却不太令人满意，这主要表现在冷冻精液在制作过程中对精子的损伤很大，猪精子对冷休克的敏感性极高，缩短了猪精子的存活时间，因此使用冷冻精液进行人工授精的母猪，其受精率、分娩率和产仔数都不及鲜精稀释后进行的人工授精高，但对于国际间的育种和大公司之间的交流来说，冷冻精液使世界上优秀种公猪的优良基因得以大范围传播，对于保种选育意义重大，有理由相信，在不远的将来，这一技术将在猪的人工授精上占有很重要的地位，当然这还有一些技术需要进一步完善。目前应用最广泛的还是猪的常温冷藏精液，鲜精稀释后分装成 80 毫升一瓶，保存在 17℃温箱中，使用时拿出来放置至室温即可进行人工授精。

148 猪冷冻精液是如何制作的?

首先是将人工采集的种公猪精液，经感官和显微镜检验合格后，使用精液稀释剂进行稀释，放入15℃温箱中静置4小时，拿出在15℃室温离心10分钟，弃去上清液，留下的精液使用蛋黄乳糖稀释剂进行稀释，然后放到5℃温箱中静置2.5小时，再使用6%甘油蛋黄乳糖稀释剂稀释精液，最后分装到6毫升的麦管中，麦管封口后放入液氮罐中贮存，猪的冷冻精液即告完成。猪的冷冻精液由于设备和技术要求高，所以一般都是专业化的公司进行制作，养殖公司或养殖户只需要根据自身实际需要购买来用就行。

149 猪冷冻精液如何保存与运输?

猪的冷冻精液我们都是把它保存在－196℃装有液氮的液氮罐(图4-9)中，同时需要每三天检查一次液氮罐中的液氮，防止由于液氮的挥发，猪的冷冻精液没有浸泡在液氮中，做到及时添加液氮，但是液氮不能超过罐体的三分之二。运输过程我们也是使用液氮罐(专用运输型液氮罐)，且需要固定好，避免倾斜和漏液，并有专人负责看管，防患于未然。买回的猪冷冻精液麦管，猪场也要有专人负责放入液氮罐中保存，使用时带上皮手套拿出来在水浴锅中解冻后使用。

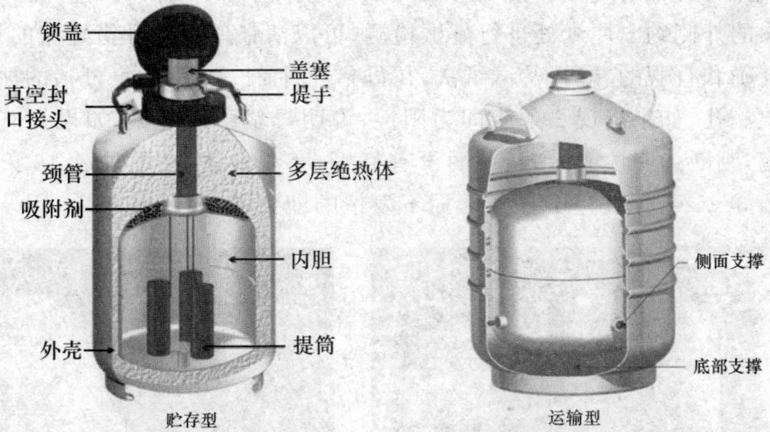

图4-9 液氮罐

150 猪冷冻精液怎么使用?

根据配种的需要从液氮罐中取出所需的冷冻精液麦管,浸入事先准备好的水温 50℃的容器中进行解冻,时间 45 秒,拿出擦干麦管外表面的水分,使用剪刀剪开麦管的一端,然后是剪开另外一端,把精液倒入 80 毫升、温度 25℃的稀释液中,用玻璃棒蘸取一滴精液,放载玻片置于显微镜下进行镜检,各项生理指标合格即可用于猪的人工授精了。

151 怎样进行母猪的妊娠诊断?

母猪的妊娠诊断我们通常采用"一看二试三查"的办法。"一看"就是根据母猪配种后,精神和身体的变化来判断是否怀孕,怀孕母猪性情会变得温顺,由于激素的变化会喜欢睡觉,皮肤毛色油亮光滑,采食量会加大,膘情恢复快,母猪阴户会变皱缩紧并会上翘,有的母猪乳头颜色会加深,经过三周没有返情,我们即可推断此母猪已经怀孕。"二试"是公猪试情,在一看的基础上,三周没有返情的母猪,要使用试情公猪进行试情,没有发情症状的,即可确定妊娠。试情公猪的试情在整个母猪妊娠期要进行 2 次,一次是在配种三周后,第二次是在 10～12 周龄,如果发现母猪有发情表现要将母猪赶入配种舍观察配种。"三查"是目前规模猪场常用的办法:①B 超法(图 4-10),在母猪配种三周后,使用妊娠诊断仪(B 超)在母猪倒数第二对乳头的外侧约 5 厘米处进行妊娠检测,可以清晰地看到母猪妊娠的情况,是目前最为准确和直观的方法;②试纸法,在母猪配种 21 天后,采集母猪的尿液滴入试纸条的检测孔,如果出现 2 条线即为阳性,说明母猪已经妊娠,如果只有一条线或没有反应,判断为阴性或无效,说明没有妊娠;③激素法,在配种后 16 天左右使用己烯雌酚 3～5 毫升肌肉注射,4 天后不发情的即为妊娠。

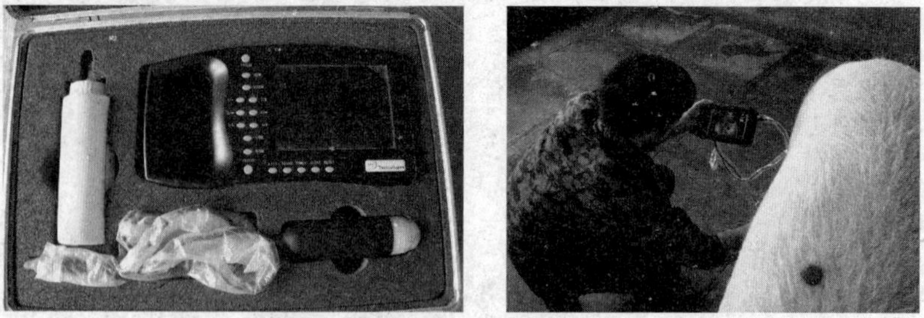

图 4-10 B 超测孕

152 如何给母猪查情?

母猪的查情,通常我们会采用试情公猪来进行(图 4-11),一般情况下需要三个人配合,一人负责赶试情公猪进入配种妊娠舍,另外一人在试情公猪的前面,使用栏杆挡住试情公猪,在所要查情的母猪头前,让试情公猪与要查情母猪充分接触,这时候可以观察被查母猪的发情表现,第三人在被查母猪的屁股后面观察母猪的阴户变化,有必要还要按压或骑坐母猪背部,如果看到母猪鸣叫,耳朵直立,阴户大小、颜色、黏液变化,按压或骑坐母猪背部母猪不动,基本可以判断被查母猪已经发情,这时候还可以结合使用妊娠诊断仪(B 超)在母猪倒数第二对乳头的外侧进行妊娠检测,有无孕囊,没有则需要重新进入配种舍进行配种了。

图 4-11　试情公猪查情

153 预产期怎么推算?

妊娠母猪的妊娠期是 114 天,在前后一周我们都认为是正常的生产,所以预产期的推算一般我们采用的是三个月三周三天的方法,即在配种的当日开始加上三个月三周三天即为该母猪的预产期,比如母猪 1 月 4 日配种,那么预产期就在 4 月 29 日(一个月按 30 天计算,2 月份 28 天,3 月是 31 天,所以 2 月要加 2 天,3 月要减 1 天),这种方法最为精确,但相对烦琐。还有一种方法是,月份加 4,日期减 6,比如母猪 1 月 4 日配种,那么 1+4=5(月),4−6=−2(日),即是 28 日(一个月按 30 天计算,2 月份 28 天,3 月是 31 天,所以 2 月要加 2 天,3 月要减 1 天),故预产期还是 4 月 29 日,这种方法简单易学,计算方法简单快捷。另外查预产期表(图 4-12),这种方法最为简单,使用预先推算好的表格,用时查出日期就好。

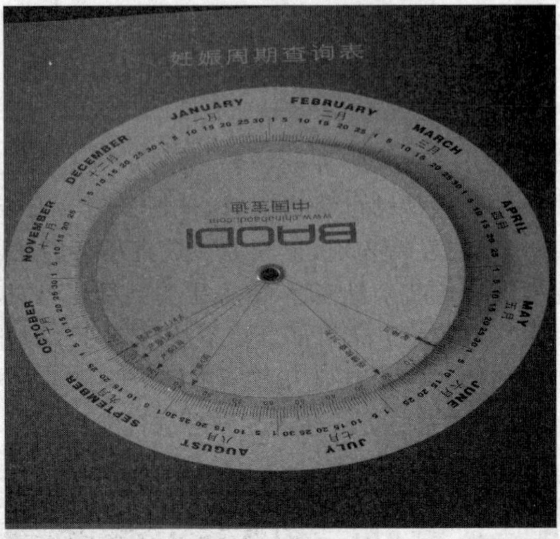

图 4-12 预产期表

154 母猪假孕如何防治？

生产实践中常常会见到有些妊娠母猪在妊娠期跟其他妊娠母猪一样，妊娠特征明显，可是等上了产床临产前后，临产特征却渐渐消失，下垂的乳房开始缩小，水肿的阴户渐渐紧缩上翘，完全没有了临产症状，最后只好把它们从产床赶到配种妊娠舍，出现这种现象，我们把它叫作母猪假孕，究其原因一般是因为细小病毒的感染引起，配怀以后，妊娠期出现了胚胎的死亡，而激素水平（主要是孕酮）却没有出现变化，母猪还像正常妊娠一样，身体也发生着妊娠母猪该有的变化，到了正常待产日龄，激素开始出现变化，却没有胎儿，黄体消失，这种母猪的防治总的来说还是要做好细小病毒疫苗的免疫，改变过去那种只打初产母猪、配种前注射一次，或者经产和初产一年一次的方式，不管经产还是初产，都要在每年二三月份注射一次，然后到了七八月份加强一次，这样注射细小疫苗的母猪出现假孕的情况大大好转。

155 后备猪乏情的原因是什么？

①预混料（添加剂）质量低劣或不用预混料，饲料原料霉变、不新鲜，缺乏维生素 A、维生素 D、维生素 E；氨基酸、矿物质不足等引起卵巢发育不全或机能减退而

引起不发情。

②后备母猪饲料中钙、磷、维生素、蛋白质、赖氨酸不足导致不发情。

③后备母猪过早处于限位栏中饲养，缺少运动，身体过于肥胖，脂肪沉积，代谢机能下降，导致乏情。

④后备母猪先天性生殖器官畸形或雌雄畸形。

⑤阴道炎、子宫内膜炎引起不发情。

⑥一些传染病或慢性病引起的后备猪乏情，比如蓝耳病和猪瘟。

⑦公猪的诱导刺激不够强烈。

⑧安静发情，外血缘母猪发情时不明显，容易为人所忽视，或在连续几次发情发情后，处于静止期，不再出现发情表现。

156 母猪断奶后为什么不发情？如何防治？

母猪断奶后不发情的原因主要有：①饲养管理，断奶母猪单独饲喂要比群体饲喂发情率高；②断奶母猪泌乳期间体重损失过大，导致发情延迟；③气候和环境因素，夏季气温高于 30℃后，母猪性欲和发情明显变差；④年龄和胎次也是个很重要的因素，年龄大，胎次高的母猪由于经验的原因，在正常时间发情的比年龄和胎次小的要多；⑤一些传染病或慢性病引起的断奶猪乏情，比如蓝耳病和猪瘟；⑥营养因素，微量元素和维生素缺乏都是引起母猪不发情的重要原因。

防治措施：①加强断奶母猪的饲养管理，单圈饲养或采用半限位饲养，根据不同母猪体况添加饲料，尽快使其恢复膘情；②饲喂全价饲料，断奶后继续饲喂哺乳料 3 天后换成配种妊娠料，有条件还可以每天饲喂一些青绿饲料；③加强运动和光照，可在断奶配种区设立断奶母猪运动场，每天运动 30 分钟；④使用试情公猪，让断奶母猪充分与试情公猪接触，刺激发情；⑤使用孕马血清 800～1 000 国际单位或 PG600 诱导母猪发情。

157 妊娠母猪何时上产房？

妊娠母猪在经历了妊娠期 2/3 多一点的时间后，即在怀孕 90～100 天上产房是最好的，这样可以充分熟悉产房的环境，减少应激，同时为妊娠后期的加减饲料提供很好的条件，生产实践中我们一般会考虑生产实际，采用产前 1～2 周上产房待产。上产房前要进行一次猪体清洗、驱虫和药物的保健。

158 母猪的分娩征兆有哪些?

妊娠母猪经历了 114 天的妊娠,会发生很多身体和生理上的变化,比如皮肤、毛色油亮光滑,贪吃贪睡,乳房膨大,阴户水肿(图 4-13),性情温顺等,产前 2 周,妊娠母猪的乳房明显变大,基部与腹部间界限明显,至分娩前 1 周,乳房明显呈八字形向两侧张开,乳房下垂,分娩前 2～3 天,有的母猪乳头可以挤出乳汁,母猪行动变得迟缓,起卧谨慎,分娩前 1 天,挤出的乳汁变得浓稠,母猪的阴户水肿加剧,有的甚至像一摸就要破的感觉,阴户明显松弛,颜色也变成紫红色,时有黏液流出,分娩前 6～10 小时,母猪起卧不宁,还有衔草扒窝的表现,分娩前 2 小时左右,母猪精神极度不安,呼吸加快,起卧频繁,呼吸加快,频频排尿,阴户流出黏液,出现阵痛,努责,以后次数增加,阵缩时间越来越短,羊水流出,母猪侧卧躺下,很快就会有仔猪娩出了。

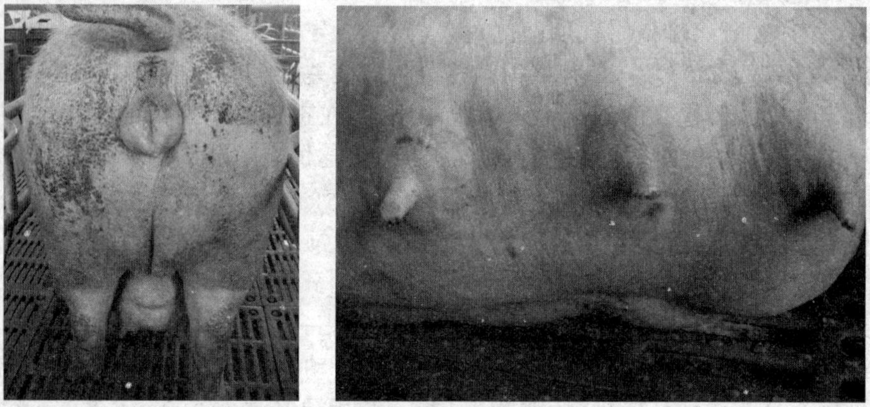

图 4-13　临产母猪阴户和奶头

159 母猪白天产仔的方法有几种?

妊娠母猪产仔在自然条件下,大多数一般是在安静的夜晚产仔,但是目前随着集约化猪场越来越多,人工越来越贵,同时为了减少由于母猪夜晚产仔出现的管理不善引起的仔猪死亡,减轻工人劳动强度,有部分猪场采取了技术措施保证妊娠母猪白天产仔,具体做法有两个:一是配种时间,母猪断奶发情后均在下午 2～4 点配种,配怀妊娠期满,绝大部分都在白天产仔;二是使用氯前列烯醇,在母猪预产期前

(113 天)一天的上午 9 点以前,根据母猪体重大小,注射氯前列烯醇 0.1～0.2 毫克,可以达到次日绝大部分母猪白天产仔,这需要准确的配种和预产期时间。

160 如何给母猪接产?

(1)人员的准备　产房工作人员要安排好作息时间,如果母猪产仔在正常的工作时间,则正常接产,如果是在休息时间和夜晚,则要安排专人值班接产。接产人员在接产前要清洗消毒手臂。

(2)器械和设备的准备　在母猪产前准备好手电、保温灯、保温箱、保温板、麻袋、毛巾、剪刀、消毒剂、碘酒、高锰酸钾、密斯托粉、酒精、药棉、镊子、缝线、肥皂、水桶、一次性输精管、宫炎净等。产床用 0.1%高锰酸钾溶液清洗。产前半小时打开仔猪保温板开关。

(3)母猪的准备　母猪在临产前,要有母体的清洗消毒,产前用 0.1%高锰酸钾溶液清洗母猪外阴、臀部和尾巴,还有乳房,并挤出每个乳头的第一滴奶。

(4)接产　仔猪产出后,要立即用毛巾清理干净口鼻的黏液和胎粪,然后清除小猪身上的胎膜和黏液,接着用手固定住脐带,用食指和拇指将脐带里的血液赶回仔猪身体中,用缝线在距离仔猪身体约 5 厘米的地方结扎,然后用剪刀剪断脐带,断端使用碘酒消毒,将仔猪全身涂抹密斯托粉,放入保温箱,打开保温灯,调节到合适的高度。一般母猪产仔的间隔 10～20 分钟,产程 2～4 小时,胎衣排出标志着产仔的结束。最后用 0.1%高锰酸钾溶液清洗母猪外阴、臀部、尾巴和乳房,使用一次性输精管插入母猪阴道,接上宫炎净瓶子冲洗母猪产道,接产结束(图 4-14)。

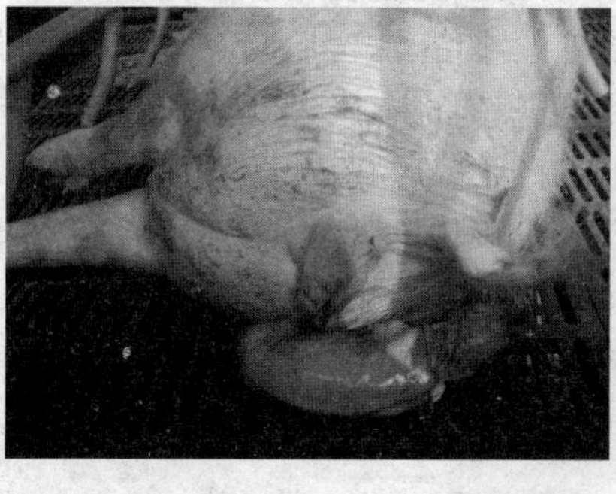

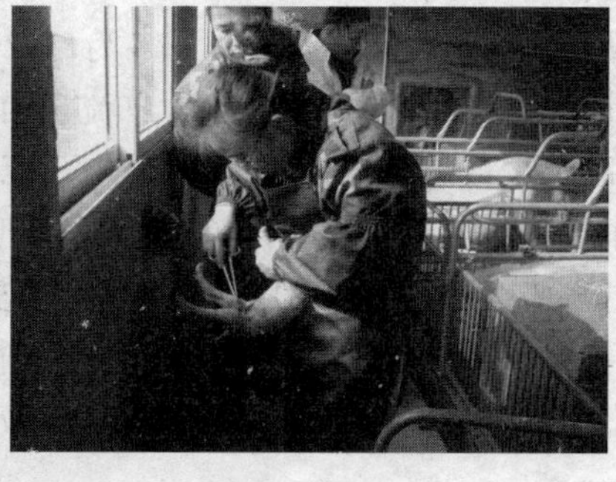

图 4-14　接产

161 母猪难产怎么办？

母猪难产的处理：

（1）药物助产　母猪一般不用，因为极少母猪发生难产，而且母猪使用药物助产极易使仔猪死在产道中，如果要使用的话，要在母猪产仔2头以后，判断确实由于产力不够，子宫收缩无力，那么允许使用催产素2毫升/100千克体重，注射20～30分钟后可以产出仔猪，如果不起作用，则要进行人工助产。

（2）人工助产　首先是接产人员可以站在母猪的肷部，待母猪努责时以体重帮助母猪生产，如不行，则助产人员之前要剪短指甲并打磨光滑，用肥皂水清洗手和手臂，同时清洗干净母猪阴户，再用0.1%高锰酸钾溶液消毒手及手臂，涂上润滑剂，五指并拢呈锥形，手心向下，待母猪努责时顺势慢慢伸入母猪产道，待手指触碰到仔猪时，张开五指握住仔猪，等到母猪努责时顺势缓缓将仔猪拉出，助产出1头仔猪后，如果母猪转为顺产就不必再助产了，术后用0.1%高锰酸钾溶液清洗母猪外阴、臀部、尾巴和乳房，使用一次性输精管插入母猪阴道，接上宫炎净瓶子冲洗母猪产道，难产的接产结束。

162 母猪产后胎衣不下怎么办？

母猪的胎衣不下，因为母猪胎盘自身结构的原因本来不该出现，但是随着目前集约化猪场的发展，胎衣不下的发生率明显上升，主要是限制饲喂运动量不够引起的。母猪分娩结束后，胎衣应该在5～60分钟排出，如果超出2～3小时不排出的，我们把它叫作母猪产后的胎衣不下。母猪产后要及时检查胎衣上的脐带与所产仔猪头数是否相符，一般胎衣不下多为部分胎盘的滞留，滞留胎盘在母猪子宫内很快分解引起子宫内膜炎的发生，阴户流出红褐色恶臭的液体，母猪表现不安，频频努责，食欲减少或废绝，体温升高到40℃以上，呼吸急促，喜欢饮水。这时候我们应该增加母猪的运动，帮助子宫收缩，利于胎衣的排出，同时注射垂体后叶激素或催产素10～50国际单位，间隔1小时后重复注射一次，用0.1%高锰酸钾溶液清洗母猪外阴、臀部、尾巴和乳房，使用一次性输精管插入母猪阴道，接上宫炎净冲洗母猪产道。如果有全身症状的，还要采取输液或者抗生素的注射。

五、猪的饲养管理

163 后备公猪如何饲养?

俗话说,“公猪好,好一坡;母猪好,好一窝”,因此,养好公猪至关重要。后备公猪的培育工作更是养猪场的重中之重。根据后备公猪的生长规律和培养目标,可将其整个饲养过程分为二阶段:即生长阶段和调教阶段。

(1)生长阶段饲养　用公猪专用料,每天限制饲喂 2～3 千克,使后备公猪日增重为 600 克,8 月龄时体重达 130 千克;如果场内公猪少,可用哺乳母猪料代替,但其饲料中蛋白质含量应控制在 17%～18%之间,每千克饲料可消化能在 3 200～3 300千卡之间,高温季节可适当增加赖氨酸、维生素 E、维生素 C 的含量,以提高公猪的抗应激能力和精液的质量。

(2)调教阶段饲养　根据体况,每天限制饲喂 2.5～3.5 千克优质饲料,日增重 600 克,9 月龄体重达 145 千克。

164 后备公猪饲养管理操作规程有哪些内容?

(1)体重和体况　公猪生长快,一般 130 千克才开始调教。此外,在保持繁殖性能方面,公猪的背膘厚度并没有母猪那样重要,因此,需要通过限制饲喂来控制公猪的体重和体况,以便延长其使用年限。

(2)温度　最适温区为 18～20℃,30℃以上就会对公猪产生热应激,造成公猪精液品质降低,损害繁殖配种性能,因此,夏天应对公猪进行防暑降温,将圈舍温度控制在 30℃以内。

(3)光照　光照时间太长和太短都会降低公猪的繁殖配种性能,适宜的光照时间为每天 10 小时左右,通常将公猪饲喂于采光良好的圈舍即可满足其对光照的需要。

(4)疫病　针对后备公猪的生长发育特点,并结合本场实际制定规范的隔离、免疫和防疫措施，以确保公猪及整个猪群的健康。

165 种公猪怎么饲养?

①公猪一次射精量较其他家畜多，精液的各种物质成分都要从饲料中获取。为此，种公猪日粮中粗蛋白含量以14%～15%为宜。饲料中能量含量要适中，能量过高，可能会使公猪体内脂肪沉积过多，猪变得肥胖；能量含量过低，会使公猪变得过于消瘦，都会给种公猪配种造成不利的影响。因此，种公猪配种期饲料，每千克消化能不能低于12.97兆焦，能量饲料占饲料成分50%左右为宜。见表5-1。

②一般公猪日粮钙、磷比例以1.25∶1为宜。

③日粮中，维生素A、维生素D、维生素E、烟酸、泛酸是不可缺少的维生素，其含量要合理。

表5-1 种公猪日粮参考配方 %

配种时期	鱼粉	豆粕	玉米	麸皮	草粉	骨粉	食盐	多维	微量元素
配种期	1～2	16～20	50～55	15～20	8～10	1～1.5	0.5	0.02	0.5
非配种期	—	15～16	50～55	15～20	10～15	1～1.5	0.5	0.01	0.5

166 种公猪饲养管理操作规程包括哪些内容?

(1)建立良好的管理制度　饲喂、运动、采精、配种及擦拭等各项工作都应在固定时间内进行，利用条件反射养成规律性的生活制度。

(2)单圈饲养　已开始配种的种公猪，见面会发生互相咬斗行为，必须单圈饲养。

(3)运动　合理的运动可促进新陈代谢、增强体质，锻炼肢蹄，提高精液品质。一般要求每日驱赶运动1～2小时，每日上、下午各一次。

(4)刷拭和修蹄　每天定时用刷子刷拭猪体1～2次，使皮肤保持清洁卫生，减少皮肤病和寄生虫病的发生，同时增进人畜亲近，便于配种操作。

(5)定期称重　通过公猪的体重变化及时调整日粮供给，使公猪保持良好的体况，随时都能配种。

(6)合理的配种强度　一周岁公猪，每日配种1次，每周休息一天。2～3周岁公猪，每日配种1～2次，每周休息一天。4周岁以上公猪每周配种2～3次。

167 后备母猪怎样饲养？

后备母猪要求在 60 千克前从育肥猪群内分拨到后备母猪圈饲养。如果是新买来的后备母猪应当隔离饲养 4～6 周后才能与本场猪混群。在隔离观察期间，做好各种疫苗接种，注意观察后备母猪的健康状况。选拔的后备母猪每天生长速度保持在 500～600 克即可，这要求适当控制后备母猪的饲料量。建议改成每天饲喂 2 次，最好饲喂湿料。

168 后备母猪饲养管理操作规程包括哪些内容？

①后备母猪从 75 千克开始就不需要瘦肉长得太快了，因此要从这个体重开始饲喂母猪料，最好是专门的后备母猪料。若出现太肥和太瘦的情况应调整饲料的配方，而不采用减少或增加饲喂量。

②当后备母猪达到 7 月龄、体重达到 110 千克以后，要注意观察母猪的初情期。第一个发情期不要配种，此时母猪卵巢功能尚不完善。要求在第二个发情期配种，配种前两周开始补饲催情，饲喂量增加 40％～50％，达到日喂 3.8～4 千克配合饲料。

③配种结束后，立即把饲喂量降到补饲催情前的水平，每天约 2.2 千克，日粮每千克含消化能 12.1 兆焦耳，含粗蛋白质 13％，赖氨酸 0.6％、钙 0.75％、磷 0.65％。从怀孕 84 天开始，日粮营养水平可提高到每千克含消化能 12.5～13 兆焦耳，含粗蛋白质 14％，赖氨酸 0.75％、钙 0.8％、磷 0.65％，日饲喂量 3.25～3.5 千克。分娩前 2～3 天，日饲喂量降到 1.8 千克左右，以免引起难产。

169 断奶母猪怎么饲养？

①母猪断奶当日转入配种舍后，当天不喂料和适当限制饮水，注意母猪乳房炎及子宫炎的及时处理。

②可给予断奶母猪短期优饲，以达到加速发情排卵的进程，日喂饲料 2.5～3 千克，分两次饲喂。

③给断奶母猪的短期优饲催情，一方面要增加母猪的采食量，每日饲喂配合饲料 2.2～3.5 千克，日喂 2～3 次。

④母猪的膘情至关重要，在配种后 7 天内喂料量应控制在 1.6～1.8 千克/

（天·头），因为配种期的三天内母猪的食欲本来就比较差，3～7天也不能喂得过多，这段时间如果喂得过多会导致母猪子宫内环境的温度较高，对受精卵的成活十分不利，直接导致产仔数下降。

170 空怀母猪饲养管理操作规程包括哪些内容？

（1）早期断奶　早期断奶既可以防止很多疫病的垂直传播，又可以提高母猪年产胎数，但早期断奶的仔猪需精心护理。

（2）发情鉴定与适时配种　一般每天进行两次发情鉴定，上、下午各一次，查情采用人工查情与公猪试情相结合的方法。

（3）配种（输精）前后应注意的问题

①配种（输精）前必须清洗消毒母猪外阴部，具体做法是先用清水清洗，然后用0.1%高锰酸钾水溶液消毒，用毛巾擦干。②输精时采用一次性输精管，让精液缓慢流入母猪子宫内。切忌强行挤压输精、以免造成精液倒流。

（4）乏情母猪的处理措施　断奶后对于乏情，异常发情和反复发情的母猪要给予更多的关注，可采用公猪诱导发情、应激法刺激发情和药物催情（常用药物有孕马血清、促排3号等）等方法。

171 妊娠母猪怎么饲养？

（1）已配待查母猪的饲养　配种后1～3周的母猪，此时是受精卵着床期和胚胎器官的形成分化期。母猪对日粮的营养水平要求不高，但对饲料质量要求很高，要严格控制饲喂量，每天1.8～2.5千克。

（2）妊娠前期母猪的饲养　配种后22～88天，此期母猪饲料每天2～2.5千克，要求保持中等膘情即可。

（3）妊娠后期母猪的饲养　配种后89～107天，此期是胎儿生长发育最快期，每天饲喂2.5～3千克饲料，保证出生胎儿个体大、健康。

（4）围产期母猪的饲养　配种后108天至产仔，此期应每天递减饲喂量，降低胃肠道对产道的压力，保证母猪顺产。

172 妊娠母猪有哪几种饲养方式？

在母猪的妊娠期内，根据母猪的生理及体况条件，应采取不同的饲养方式，其饲养方式主要有三种：

(1)抓两头带中间　这种方式适用于断奶后膘情差的经产母猪。即在母猪妊娠初期加强营养，使其恢复繁殖体况。一般从配种前10天开始到配种后20天的一个月时间里，要加喂精料，特别是含蛋白质丰富的饲料，待体况恢复后再按饲养标准饲养。妊娠80天后，由于胎儿增重较快，日粮中再添加精料，以加强营养，这样日粮就形成一个高—低—高的营养水平。

(2)步步登高式　这种方式适用于初产母猪，因为初产母猪配种后本身仍处在生长发育阶段。因此，整个妊娠期的营养水平应随着胎儿体重的增长而逐步提高，到分娩前一个月达到最高峰，但在产前5天左右，日粮应减少30%，以免因胎儿过大而造成难产。

(3)前粗后精式　这种方式适用于配种前体况良好的经产母猪。因为妊娠初期胎儿还小，加之母猪膘情较好，就不需要另外增加营养，用一般青粗饲料饲喂即可。到妊娠后期，由于胎儿发育增快，营养需要量增加，就应增加精料的喂量。

173 母猪分娩后怎样护理？

母猪分娩时，生殖器官发生了急剧的变化，机体的抵抗力明显下降。因此，母猪产后要进行妥善的护理，让其尽早恢复健康，投入正常的生产。一般情况下，母猪产仔结束后，要注意检查母猪胎盘是否完全排出，当胎盘排出困难时，可给母猪注射一定量的催产素，有助于胎盘的排出。仔猪出生后6小时内，必须吃上初乳，8小时内母猪未产完，要进行催产处理。母猪产后3天，做好产后保健工作，对母猪子宫复旧进行观察，发现有异常现象，要进行及时的清宫消炎，如有炎症，要及时进行消炎治疗。母猪分娩后身体极度疲乏，往往感到很渴，没有食欲，也不愿活动，这时不要急于饲喂平时的饲料，只喂给稀的热麸皮盐水即可。母猪产后的日饲喂量应该由少而多地逐日增加，一般在产后4～5天达到其哺乳和自身维持所需的量，母猪自身维持需要的饲喂量参照其妊娠前期的饲喂量，然后，以哺乳一头仔猪增加日粮0.2～0.3千克计算其哺乳需要。

174 母猪分娩前后的注意事项有哪些？

(1)准确计算预产期　计算好预产期，做好产前准备工作。

(2)母猪分娩前后的饲养　临产前5～7天应按日粮的10%～20%减少精料，到产前2～3天减少30%～50%，避免产后最初几天泌乳量过多或乳汁过浓引起仔猪下痢或母猪发生乳房炎。

(3)母猪分娩前后的管理　分娩前1周注意观察母猪，加强护理，防止发生提前产仔而无人接产等意外事故。在临产前5～7天将母猪迁入产房，使其熟悉和适应新环境。产前清洗母猪乳房、阴部，再用0.1%高锰酸钾水溶液擦洗消毒。临产前应在圈内铺上清洁干燥的垫草，母猪产仔后立即更换垫草，清除污物，保持垫草和圈舍的干燥清洁。冬季要做好保温，避免母猪感冒。保持母猪乳房和乳头的清洁卫生，减少仔猪吃奶时的污染。保持产房安静，让母猪充分休息，尽快恢复体力，有利于母猪哺乳。

175 产房饲养管理操作规程包括哪些内容？

①母猪临产前七天左右进产房，炎热季节可推迟。

②母猪有临产迹象时，用清水对母猪乳房进行刷洗。

③挤掉各奶头前几滴奶，以防初生仔猪腹泻。

④正确将保温灯悬挂于产仔箱上部，严禁保温灯直接接触仔猪及产仔箱铁皮，以防因短路造成停电。

⑤产前五天逐渐减料，产仔当天不喂料。无论何时均应供给足量的清洁饮水。

⑥仔猪出生后，擦干口鼻及身上的黏液，若胎儿包在胎衣内，应立即撕破胎衣；将脐带内的血向仔猪腹部方向挤压，距腹部4～5厘米处剪断，将仔猪放入保温箱内。

⑦断牙　将8颗犬齿剪断，注意消毒。

⑧断尾　用消毒过的钳子距仔猪身体2～3厘米处剪断，每剪一次消毒一次。

176 哺乳母猪饲养管理要点是什么？

①母猪产后的最初几天，要精心喂养，防止乳房炎。生产当天可以停止喂料，只给予温热水。产后2～3天不能喂料过多，应逐渐增加喂量。喂给足够的清洁饮水可以促进泌乳和防止便秘。

②给母猪以充足的营养，把空怀期、怀孕前期节省下来的精料全加在这个时期。并补给矿物质饲料，如食盐、骨粉或贝壳粉，让母猪吃好、吃饱。

③母猪泌乳量不足或乳汁分泌不足时，要分析原因，加以解决。乳量不足或乳汁稀薄，大多数是由于缺乏营养引起。应给母猪增加含蛋白质多的饲料和品质好的青绿饲料或加喂动物性饲料。

④要注意栏舍卫生，猪栏要经常打扫，不要有积水，以防淹死仔猪。栏舍不干净，母猪乳头上带有污物，容易引起仔猪下痢。

177 母猪初乳有哪些特点？

初乳是雌性哺乳动物产后 2～3 天内所分泌乳汁的统称。与普通乳汁相比，初乳具有以下特点(表 5-2)：

(1)蛋白质　初乳内含比正常奶汁多 5 倍的蛋白质，且能直接被吸收，尤其是其中含有比常乳更丰富的免疫球蛋白、乳铁蛋白、生长因子、巨噬细胞、中性粒细胞和淋巴细胞。这些物质都有防止感染和增强免疫的功能。

(2)维生素　初乳中的维生素含量显著高于常乳。维生素 B_2 比常乳高出 3～4 倍，尼克酸在初乳中含量也比常乳高。初乳中的维生素 A 和维生素 C 比常乳中高 10 倍，维生素 D 比常乳中高 3 倍。

(3)无机盐与微量元素　初乳中灰分高，特别是钠和氯含量高。微量元素铜、铁、锌等矿物质的含量显著高于常乳，口感微咸。初乳中含铁量为常乳的 3～5 倍，铜含量约为常乳的 6 倍。特别富含镁盐，能促进消化管蠕动，有利于消化活动。

(4)乳糖及酪蛋白　乳糖含量低，较少，酪蛋白的相对比例较少。

表 5-2　母猪初乳与常乳的营养组成(每百克)　克

名称	总干物质	蛋白质	非蛋白质	乳糖	脂肪	灰分	能量(千焦/克)
初乳	24.8	15.1	0.3	3.4	5.9	0.7	6.3
常乳	18.7	5.5	0.3	5.3	7.6	0.9	4.8

引自：Darragh 和 Moughan，1998

178 母猪拒绝哺乳怎么办？

母猪产后拒绝小猪吃奶，主要见于以下几种情况：

①初产母猪无哺育仔猪的经验，头一次给小猪吃奶感到紧张和恐惧，或经不起小猪纠缠，从而拒绝哺乳，遇到这种情况，可使母猪躺下时慢慢按摩肚皮，看住小猪吃奶，不让争夺奶头，保持安静，只要小猪能吃上几次奶就行了。

②母猪产后无奶，小猪总是缠着母猪来回拱吸奶头，使母猪感到烦躁不安，不愿让小猪吃奶，有时甚至把奶头压在身子底下或驱赶小猪，解决的方法是给母猪加喂催乳饲料，治疗乳房疾病，增强母猪泌乳机能。

③母猪患乳房炎时，乳房肿胀，小猪一吃奶就引起疼痛。解决的办法是及时治疗乳房炎。

④母猪乳头有伤，由于仔猪犬齿尖锐，吃奶时将乳头咬破，引起疼痛，母猪拒绝小猪吃奶。

179 影响母猪泌乳的因素有哪些？

(1)营养因素　母猪在哺乳期代谢非常旺盛，需要营养成分较多。若母猪摄取的饲料养分达不到泌乳需要，则会动用体内已贮存的营养用来泌乳，长此以往，母猪体况下降，泌乳力降低。

(2)高温　高温时母猪采食量下降、体重减轻，母猪产奶量降低。另外高温易造成母猪内分泌失调，增加患产后综合征(乳房炎-子宫炎-无乳综合征)的可能性。

(3)低温　低温时，猪的采食量增加，但饲料中的大部分能量用于产生热量，而不是用来提高生产性能。因此，低温环境下哺乳母猪的泌乳力降低。

(4)品种　不同品种的母猪泌乳力不同。一般大型瘦肉型、兼用型品种泌乳力较高，而小型兼用型品种泌乳力较低。

180 如何提高母猪的泌乳量？

(1)充分满足泌乳母猪的营养需要

①饲喂全价饲料。按照母猪的饲养标准为其配制全价饲料，满足泌乳母猪对能量、蛋白质、矿物质和维生素的需要。

②尽量提高母猪的采食量。可采用少喂多餐，定时饲喂的方法。每天饲喂3次，固定饲喂时间，轻易不要变更。

③饲料相对稳定，正确调整喂量。哺乳母猪的饲料要相对稳定，不要经常变换饲料，如需变换，要经5～7天逐步过渡。

(2)科学管理

①促进乳腺良好发育。初产母猪泌乳力相对较低，主要是初产母猪的乳腺发育还不完善，为了提高初产母猪的泌乳力，可在母猪产前和产后进行乳房按摩，以促进乳腺良好发育。

②合理调整产房温度。哺乳母猪的环境适宜温度为16～20℃，因此要合理调整产房环境温度。

(3)正确使用药物　对身体健康、膘情较好而泌乳力低的母猪，可采用药物催乳。对产后发生疾病的母猪要及时治疗，以免影响泌乳。

181 母猪产后无乳怎么办？

(1)母猪产后无乳的主要原因

①母猪怀孕后期营养不良，猪体消瘦，乳腺没有得到较好的发育。

②母猪在怀孕期间喂给的能量饲料太多，猪体过胖，内分泌失调。

③初产母猪配种过早，乳腺发育不全，泌乳激素和神经机能失调等。

④母猪体质差，产后发生产道感染等疾病。

(2)防治措施

①加强母猪怀孕后期营养，保证乳腺得到较好的发育。

②给产后母猪每日按摩乳房3～5次，每次15～30分钟，并且每隔3小时挤奶10～15分钟。

③西药治疗：一是应用催乳片催乳，每次50片，每天2次口服，连用2～3天；二是肌肉注射已烯雌酚4～5毫升，一日2次。

④中药治疗：中药治疗以王不留行、穿山甲等为主的中药催乳有很好的效果，生产中可选用下列参考处方：王不留行35克、穿山甲35克水煎，河虾250克(捣碎)，加入红糖200克，1次调料喂服，每天1剂，连用2～3天。

182 哺乳仔猪有哪些生理特点？

①生长发育快、代谢机能旺盛、利用养分能力强。仔猪初生体重小，不到成年体重的1%，但出生后生长发育很快。

②仔猪消化器官不发达、容积小、机能不完善。首先，仔猪初生时，消化器官虽然已经形成，但其重量和容积都比较小，远低于成年水平。其次，仔猪出生时胃内仅有凝乳酶、胃蛋白酶很少，由于胃底腺不发达，缺乏游离盐酸，胃蛋白酶没有活性，不能消化蛋白质。

③缺乏先天免疫力容易得病。仔猪出生时没有先天免疫力，自身也不能产生抗体。只有吃到初乳以后，靠初乳把母体的抗体传递给仔猪，以后过渡到自体产生抗体而获得免疫力。

④调节体温的能力差。仔猪出生时大脑皮层发育不够健全，通过神经系统调节体温的能力差。还有仔猪体内能源的贮存较少，遇到寒冷血糖很快降低，如不及时吃到初乳很难成活。

183 仔猪如何防压？

仔猪产后一周内，体质较弱，行动不灵活，对复杂的外界环境不适应，加之母猪产后疲乏、行动迟缓或母性不强，容易被压死。仔猪产后防压的措施有以下几点：

(1)剪掉仔猪獠牙　仔猪哺乳时，往往由于争夺乳头，尖锐的獠牙咬痛母猪乳头，造成母猪起卧不安，容易压死仔猪。故仔猪出生后应用钳子或剪子将仔猪獠牙剪掉，注意断面要剪平整。

(2)保持环境安静　防止突然声响，避免母猪突然受惊，踩压仔猪。摸透母猪生活规律和个体特点，采取相应措施，防止压死仔猪。

(3)设置护仔间或护仔栏(架)　在猪圈的一侧或一角，用木栏、铁栏杆或砖墙隔开，设置护仔间(宽约70厘米，长以能容纳一窝仔猪采食为宜，约2米即可)，留有仔猪出入口，栏内铺垫厚软的褥草，对初生仔猪用作防压保温，以后则作为补料间用。

184 怎样寄养仔猪？

(1)寄养母猪的选择　选择产期接近的母猪，寄母必须是泌乳量高、性情温顺、哺育性能好的母猪。

(2)寄养时间　产后1～2天是寄养仔猪的最佳时间，此时，仔猪尚辨别不出异味，不会发生母猪咬仔猪或仔猪之间咬架现象。

(3)寄养方式　后产的仔猪向先产的窝里寄养时，要挑体重大的仔猪寄养；而先产的仔猪向后产的窝里寄养时，要挑体重小的仔猪寄养。

(4)消除寄入仔猪气味　猪的嗅觉特别灵敏，母仔相认主要靠嗅觉来识别，寄养时，要使母猪分辨不出被寄养仔猪的气味，才能寄养成功。第一种方法是把准备寄养的仔猪用寄入窝中的母猪胎衣等排泄物涂擦仔猪全身，再与寄入窝中仔猪在接产箱内自由摩擦1小时左右，即可消除异味。第二种方法是向产房内喷洒来苏儿水，以消除异味。

185 怎样给仔猪配制和饲喂人工乳？

(1)配制人工乳

①1～10日龄人工乳的配制。用牛奶1千克、全脂奶粉50～200克、葡萄糖20

克，蒸煮消毒，冷却后加入鸡蛋一个、矿物质溶液5毫升、维生素溶液5毫升，拌匀即可。

②10～30日龄人工乳的配制。用牛奶1千克、白糖60克、硫酸亚铁2.5克、硫酸铜0.2克、硫酸镁0.2克，蒸煮消毒即可。

(2)饲喂人工乳　要先教会仔猪吸吮乳头，再改为浅盆或槽盆自食。每日饲喂6～8次；10～15日龄后，人工乳可逐步加入米汤、面粉、鱼粉、豆饼粉、酵母粉等。喂时应定时定量，少喂勤喂，注意清洁卫生。要注意粪便与食欲消化情况，不拉稀则稠一点，量多一点，否则少一点，再喂点柠檬酸糖水或糖醋水(乳猪缺少胃酸)。若发现人工乳不易消化，则可加入多酶片和酸制剂，否则易患黄痢、白痢(图5-1)。

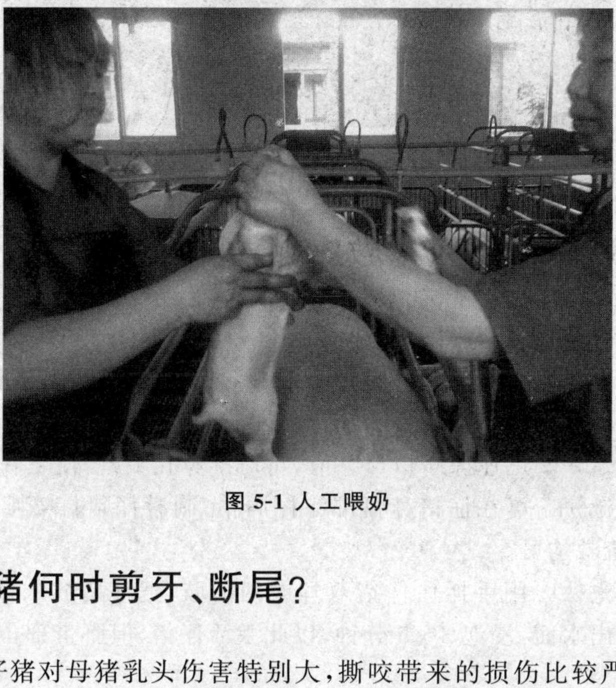

图5-1 人工喂奶

186 仔猪何时剪牙、断尾？

不剪牙的仔猪对母猪乳头伤害特别大，撕咬带来的损伤比较严重。主要是争抢乳头时的相互伤害，和对母猪的乳房伤害。剪牙应在出生当日进行，用3%碘酒消毒牙齿，用剪刀剪去上、下腭突出的犬齿。

仔猪断尾技术在我国很普及(图5-2)，适时断尾有利于提高养殖效率。猪尾经常摆动卷曲，要消耗能量；在集约化或适度规模养猪条件下，常有咬尾致伤现象；摆尾还会影响猪群安稳睡眠；排稀粪的猪更会污染猪身和猪舍、对猪的生长不利，给仔猪断尾可避免以上不利影响，使其比普通猪增重率高10%，且提早10～15天出栏。关于断尾的时间，没有统一规定，有人认为剪牙和断尾可同时进行，亦有人认为在出生7日龄内即可。

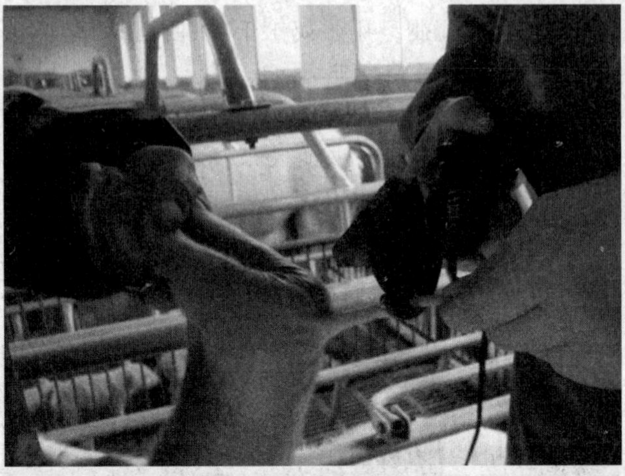

图5-2 断尾

187 假死仔猪如何抢救？

假死仔猪的抢救方法有以下五种：

(1)倒提拍打法 左手提起仔猪两只后腿，使之头向下，让黏液从口腔及鼻孔流出，右手有节奏地拍打仔猪的臀部和背部，直至发出叫声为止。

(2)呼吸畅通法 迅速擦净口鼻黏液，再对准鼻孔吸气，使之呼吸畅通。

(3)涂抹刺激法 可在仔猪鼻盘部涂擦酒精，刺激仔猪打喷嚏，以促进呼吸或用针刺激方法抢救均可。

(4)温水浸泡法 用手抓住仔猪双耳或两前肢，把仔猪放入38～40℃的温水中，使其头部露出水面，浸泡3～5分钟，以此激活仔猪，但脐带部位不能放入水中，以免发生感染。

(5)人工呼吸法 将假死仔猪仰卧在垫草上，把鼻孔和口腔内黏液清除干净，再将仔猪两前肢作前后伸展，一伸一屈压迫仔猪胸部，每分钟10～20次，持续4～5分钟，直至仔猪发出叫声为止。

188 初生仔猪如何保温？

初生仔猪在产后6小时内的最适宜温度为35℃左右。2日龄内为32～34℃。

7 日龄后可以从 30℃逐步降至 25℃，15～20 日龄内最低不能低于 17℃。如果把小猪置于低温环境中，尽管它靠加强代谢和肌肉的颤抖来增加体温，但体温还是很快降低。受到寒冷的小猪本能地采取缩屈身体的姿势来减少体表面积以减少散热，虽一窝小猪互相挤在一起取暖，但还是会被冻僵和挤压死亡。

仔猪保温(图 5-3)的具体方法有：

①母猪产房的升温。产仔母猪栏可用农膜、草帘进行防风保暖遮盖，使栏内温度升到 17℃以上。

②在栏内放置 1.5 米^2 的仔猪保温箱，箱内垫上木板底，板上铺垫 20 厘米干草。

③产仔后的前 3 天每次喂奶后都把仔猪提回保温区，3 天后可打开仔猪进出口任小猪自己出入。7 天后开始每天降温 1℃，直到 15～20 天后脱温。

图 5-3 仔猪保温

189 为什么要让仔猪尽早吃到初乳？

初生仔猪不具备先天免疫能力，必须通过吃初乳获得免疫能力。初乳中含有大量免疫球蛋白，主要在血液中杀菌防止败血症、在消化道抑菌病菌防止下痢等。产后 3 天内初乳中免疫球蛋白显著降低。因此，仔猪出生后应尽早吃到初乳，获得免疫能力。此外，初乳酸度较高，有利养分吸收；还含有较多的镁盐，有轻泻作用，有利胎粪的排出。同时还有较多的维生素 A 和其他养分。仔猪及时吃到初乳，能刺激消化器官的活动，增加营养产热，提高仔猪对寒冷的抵抗能力，初生仔猪若吃不到初乳，则很难育活。

190 初生仔猪怎样固定奶头？

初生仔猪固定乳头就是让仔猪出生后通过人为调节后(图5-4),始终吮吸单一乳头的乳汁,使仔猪吸乳均匀,生长整齐度高,是保证仔猪全活全壮的一项重要措施,对新生仔猪固定乳头应做好以下几点:

(1)要及早固定　在仔猪出生、断脐、剪牙后马上固定乳头,喂足初乳。

(2)抓好两头带中间　在给仔猪具体分配乳头时,将全窝中最小的或较小的仔猪安排在靠前的乳头,最大的仔猪安排在靠后的乳头,其余的以自选为主。一窝中只要固定了最大,最小的几只,其他仔猪就很容易固定了。

(3)对个别现象的处理　有个别能抢乳的仔猪,专门抢食其他仔猪乳头的乳汁,有这样的仔猪时,要适度延长看守固定乳头的时间。

(4)随时观察　固定乳头后,要随时观察食乳、排便,出现异常情况时,及时解决。

图5-4　人工固定奶头

191 提高仔猪成活率的措施有哪些？

(1)做好保温　新生仔猪缺乏自身调温能力,低温环境很容易造成仔猪冻僵、冻死。特别是在严寒季节产仔,更要做好猪舍的保温工作,可在猪舍内为仔猪设置保温箱并安装红外线保温灯或加热板,保持舍内恒温。

(2)吃好初乳　在仔猪出生后尽快让仔猪及时吃上初乳,是提高仔猪成活率的关键措施之一。

(3)及时补铁　仔猪生长快，铁元素需要量大，仔猪出生后很容易发生缺铁性贫血。预防仔猪贫血最有效的方法是在仔猪出生后 3 日龄和 10 日龄内肌肉注射补铁剂。

(4)及早补料　可根据仔猪消化器官发育的特点，配制适口性强、营养全价适口的饲料，在 5～7 日龄时进行补料。

(5)实施早期断奶技术　早期断奶可以缩短母猪的繁殖周期，增加年产仔数和窝数，可以提高饲料利用率，减少饲料消耗，提高仔猪体重和均匀度，减少仔猪死亡。

192　仔猪何时补铁？

新生仔猪容易发生缺铁性贫血的原因是由于初生仔猪体内铁贮不足。据研究发现，新生仔猪出生时体内铁贮量为 40～50 毫克。而哺乳仔猪在生长过程中每天需 7～16 毫克铁才能保证其较快的生长速度。而新生仔猪唯一的铁的来源就是由母乳获得，而每头新生仔猪通过母乳每天仅能获得约 1 毫克铁。所以新生仔猪体内的铁贮仅够维持机体 3 天的需求量。要保证 3 天后不发生缺铁性贫血，应在 4 日龄内对新生仔猪进行补铁(图 5-5)，否则就会出现缺铁性贫血症。目前使用的补铁制剂较多的是右旋糖酐铁注射液，对仔猪刺激性小，吸收快，抽取和注射极为方便。

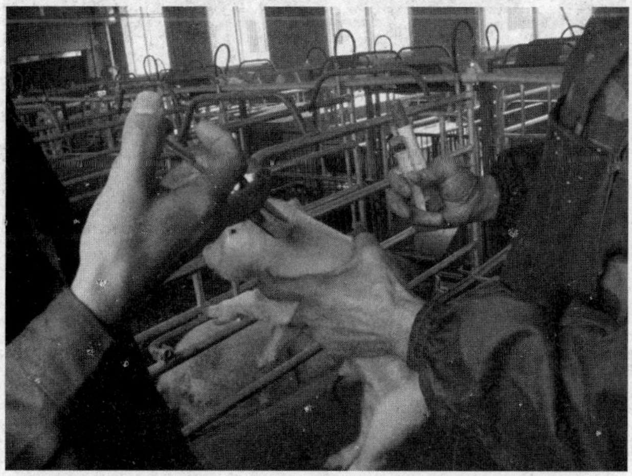

图 5-5　补铁

通常认为，对仔猪在 3 至 4 日龄进行一次大剂量补铁(150～200 毫克每头)，可满足仔猪正常生长的需要。亦有研究证明，2 次补铁(间隔一周)可明显提高仔猪的抗病力、成活率及日增重，经济效益显著。

193 为什么要给仔猪进行早期补饲？

仔猪出生后不久便迅速生长发育，体重直线上升，营养需要量增加，而母猪产后 3 周达泌乳高峰后，泌乳量就逐渐下降，这样营养供需发生了矛盾，仔猪的生长发育光靠母乳已不能满足需要。因此，只有给仔猪进行早期补料（图 5-6）才能补上母猪供应不足的那部分营养，同时还能使仔猪的消化器官机能得到锻炼，促进胃肠的发育与机能的健全。

给哺乳仔猪进行科学早期补饲有以下几方面的好处：一是可以提高仔猪断奶窝重和经济效益；二是可以增强仔猪的抗病力，提高成活率；三是可以提早给仔猪断奶，促进母猪早发情、早配种，提高母猪的繁殖率。

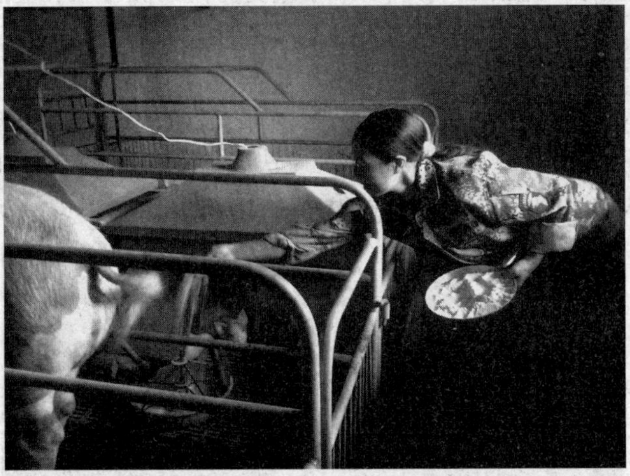

图 5-6 早期补饲

194 早期补饲应该注意什么问题？

①诱食必须先补水，在仔猪生后 3 天开始补给清洁的饮水。

②补料诱食的饲料应有良好的适口性，仔猪喜食甜、乳香味饲料，诱食料要投仔猪所好。另外，诱食料必须清洁、新鲜、不霉败变质。

③补料诱食要利用仔猪喜啃盆、碗、槽边的习性及其好奇心和模仿性，不断提高其采食量。

④补料诱食要有耐心，时间要选在仔猪活动最活跃的时候，一般以上午 8～11 点，下午 2～4 点为好。

⑤饲料要少喂勤添，防止仔猪饥饱不匀，注意仔猪粪便变化情况，如有异常及时处理，并调整喂量。

⑥每天必须清扫掉未吃完、踩踏过的饲料，换上新的饲料。

195 仔猪何时去势?

仔猪去势(图 5-7)应在 7～10 日龄时进行为宜。去势日龄过早，睾丸小且易碎，不易操作；去势过晚，不但出血多，伤口不易愈合而且仔猪会表现出明显的疼痛症状，应激反应剧烈，影响仔猪的正常采食和生长。生产中很多养殖户在仔猪 15 日龄时去势，但此时去势不妥，因为仔猪 15 日龄时通过初乳获得的母源抗体开始下降，而仔猪自身的免疫机制尚未健全，趋于免疫低谷，若此时阉割去势，病原通过伤口极易感染，引发疫病。而 7～10 日龄时，仔猪处于母源抗体的保护之中，此时去势，易操作，应激反应相对小，出血量少，不易感染疫病。

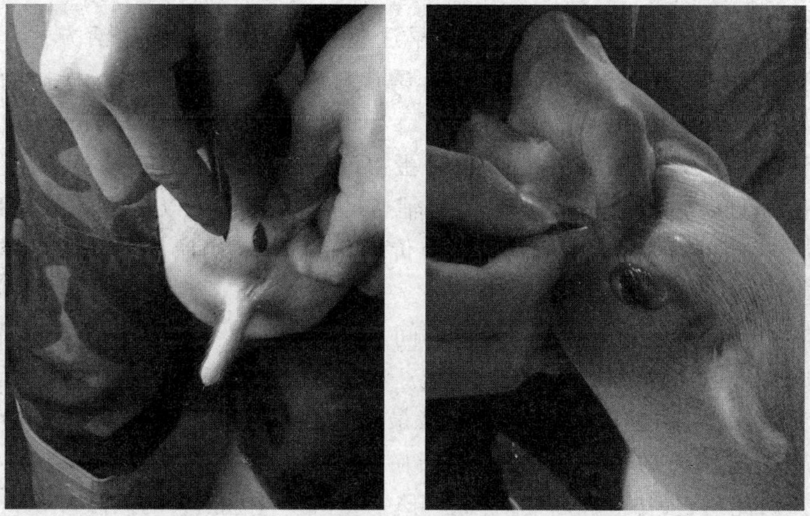

图 5-7 去势

196 仔猪何时断奶？断奶的方法有几种?

①所谓的早期断奶就是大家公认的出生后 2～4 周龄体重达 4.5 千克以上时，

即 14～28 天；实行早期断奶可缩短母猪的繁殖周期，增加产仔窝数。仔猪适宜早期断奶日龄的确定可根据生产任务和生产水平自行决定。国内各规模化养猪场断奶时间亦不统一，但多数在 21～28 天断奶。

②常用的仔猪断奶方法有三种：

分批断奶：将体格大而壮的仔猪先断奶，体格小而弱的迟几天断奶，或者将一般大小的先断奶，留作种用的以及较弱的仔猪继续吃一段时间的奶。

一次断奶：将母猪与仔猪一次全部分开。这个方法简单易行，缺点是，如母猪奶水多，易引起乳房炎。另外，母仔突然分开，仔猪不适应，影响生长发育。

逐渐断奶：断奶前 4～6 天将母仔分开。哺乳时将仔猪赶回母猪圈里，哺乳结束再隔开，哺乳次数逐渐减少。第一天哺乳 5 次，以后逐渐减少，第二天 4 次，第三天 3 次，第四天 2 次，第五天 1 次，使仔猪不知不觉地断了奶。这种方法，对母猪和仔猪都有好处，不至于引起母猪的乳房炎，对仔猪生长发育也不会有多大影响。

197 仔猪早期断奶需要注意些什么问题？

①抓好仔猪早期开食训练，使其尽早适应独立采食为主的生活方式。在温暖季节仔猪诱食可提早到出生后 3～5 天，诱食料放在保温箱附近，每次撒的诱食料要少，以免浪费。

②仔猪饲料要全价，要求高能量、高蛋白，同时注意饲料过渡。仔猪出生后3～5 天采用以母乳为主，以诱食料、精料为辅，7～14 天过渡到以全价乳猪料为主，其用量占 2/3，以母乳为辅，14～21 天以全价饲料为主，断奶后一周要适当控制采食量，以免消化不良而发生下痢。

③断奶仔猪应留在原圈养育一段时间，以免因换圈、混群咬架等应激因素的刺激而影响仔猪正常的生长发育(图 5-8)。

④注意保温，搞好圈舍卫生。仔猪最适宜的环境温度是：1～7 日龄为 32～28℃，8～30 日龄为 28～25℃，31～60 日龄为 23～25℃。

⑤预防注射、去势应和断奶时间错开，尽量减少应激因素的刺激。

198 怎么进行早期断奶仔猪的饲养管理？

(1)断奶仔猪的饲养　为了使断奶仔猪能尽快地适应断奶后的饲料，减少断奶造成的不良影响，要对仔猪进行饲料的过渡和饲喂方法的过渡。饲料的过渡就是

图 5-8　断奶猪在产仔栏短时饲养

仔猪断奶 2 周之内应保持饲料不变(仍然饲喂哺乳期饲料),并添加适量的抗生素、维生素和氨基酸,以减轻应激反应,2 周之后逐渐过渡到吃断奶仔猪饲料。此外,仔猪断奶后 3～5 天最好限量饲喂,平均采食量为 160 克,5 天后实行自由采食。

(2)断奶仔猪的管理

①分群。断奶仔猪转群时一般采取原窝培育,即将原窝仔猪(剔除个别发育不良个体)转入培育舍关入同一栏内饲养。

②良好的环境条件。合适的温度、湿度,良好的卫生条件,猪舍内新鲜、清洁的空气等条件是断奶仔猪正常生长的基本保证。

199　早期断奶仔猪为什么容易腹泻?

①早期断奶时仔猪的消化系统发育不成熟。仔猪早期断奶时,其胃底腺区的壁细胞和主细胞发育不成熟,分泌盐酸的量还很少,而且又失去了由母乳乳糖产生的乳酸,因此使断奶仔猪胃内容物 pH 升高,致使小肠黏膜抵抗能力减弱,易被各种外源性蛋白质抗原损伤,引起仔猪过敏性腹泻。

②断奶后仔猪消化酶的活性降低,仔猪对饲料的消化吸收率较低,易导致消化不良而拉稀。

③断奶后仔猪的胃肠道菌群发生变化。断奶后,胃内 pH 升高,乳酸菌逐渐减少,大肠杆菌逐渐增多,原微生物区系受到破坏,导致腹泻发生。

④断奶时仔猪免疫力低下。仔猪免疫状况的变化很快,仔猪从初乳中获得免疫抗体,其免疫水平在 3 日龄达到高峰,但在随后的 3 周下降很快,而主动免疫在

4～5周才起作用。此时,仔猪抗体水平处于一个相对低谷,仔猪更容易发病。

综上所述,早期断奶仔猪的腹泻不是单一因素造成的,而是多种因素共同作用导致的。因此,对其腹泻的防治也不是一种方法就能完全奏效,而应采取综合防治措施。

200 如何避免断奶仔猪应激?

(1)做好饲料与饲喂方法的过渡　仔猪断奶2周以内仍然饲喂哺乳期饲料,2周后逐渐过渡到断奶仔猪饲料。猪断奶后5天内采取限量饲喂,5天后实行自由采食。

(2)做好环境条件过渡　断奶时将母猪赶走,而把小猪留在原栏,使它在熟悉的环境下生活。待断奶仔猪群的精神、食欲、粪便都正常之后,再逐渐改变饲料、饲养制度和进行调栏等工作。

(3)调节畜舍温度、湿度　在冬季,要特别注意保温,断奶时可适当提高环境温度至25～30℃,同时要防止贼风侵入。在夏季,湿度较大时,要注意通风换气,保持室内干燥。天气骤然变化时,仔猪应激现象会更为严重,必须更加细心地做好护理工作。

(4)调教仔猪定点排便　注意训练仔猪定点排便,以避免猪舍环境的潮湿、污染,减少疾病传播,有利于仔猪的生长发育。

201 保育猪饲养管理操作规程有哪些内容?

(1)进猪前的准备工作

①栏舍准备:按照清洗、维修、消毒的程序进行;

②生产工具准备;

③消毒池准备;

④饲料准备。

(2)进猪时的要求

①按照个体大小、性格、品种、性别进行合理分群,以保证同栏猪生长均匀;

②转群时要严格遵守卫生防疫制度,特别是猪只进舍后要带猪消毒,转群结束后1小时内要进行车辆、用具、道路等消毒。

(3)卫生及温湿度控制　猪进舍后,按照相关要求搞好舍内环境卫生、温度及湿度控制。

(4)猪进舍后的猪群饲养管理

①防止小猪因断奶等因素引起断奶应激综合征。a.进猪第一周投喂电解多维等抗应激剂及防呼吸道疾病药物等。b.保持猪舍环境相对稳定(包括温度、湿度等)。c.平时认真观察猪群(尤其是刚进栏仔猪),发现病猪、弱猪及时挑出,隔栏饲喂,特殊护理、治疗、投药,以便猪只康复。

②免疫。严格按照养殖场制订的规范免疫程序进行,不得随意更改免疫程序。

202 保育仔猪的特点是什么?

(1)抗寒能力差　仔猪适宜生长的环境温度为24～26℃,长期在18℃以下影响生长,并诱发多种疾病。所以,要保证仔猪环境温度适宜。

(2)生长发育快　食欲旺盛,日增重可达400克以上。此阶段仔猪的消化系统发育不完善,对饲料的营养及原料组成十分敏感,因此在选择饲料时应选择适应其消化道变化的营养浓度、消化率高的日粮,防止因消化不良引起腹泻。

(3)疾病易感性高　失去母源抗体的保护,自身的主动免疫能力又未建立或不坚强,对疾病易感,如传染性胃肠炎、仔猪多系统衰竭综合征、猪瘟、伪狂犬病等。

(4)抗应激能力差　因离开母猪开始完全独立的生活,仔猪对新环境不适应,如果存在室温过低、湿度过大、消毒不够彻底等不良因素,都会引起仔猪的应激反应,可导致疾病的发生。

203 保育仔猪怎样饲养?

(1)饲喂的方式　保育猪习惯于群体采食,我们可以利用这一点使新断奶仔猪顺利的从母乳向固体日粮过渡。在断奶后,当仔猪尝试采食日粮时,应当有足够的采食位。断奶后24小时内,可以在木板上采食,3次/天。仔猪越小,这种方法的效果越好。

(2)饲料形状　日粮的形状会影响仔猪采食量和生长。仔猪不喜采食大颗粒饲料,用直径为2.4毫米的颗粒料优于大颗粒或破碎料(图5-9)。另外,早期断奶猪料中添加高水平的乳制品会使粉料在料槽中流动困难,颗粒料不会产生这种情况,而且能降低营养的分离和粉尘。

(3)营养的摄入　刚断奶仔猪每天饲料的摄入量较少,所以日粮的营养浓度相对要求较高以满足需要。

设定日粮规格首先应设定最低的能量浓度。10千克以下的仔猪没有能力通过调整采食量来获取足够的能量，因此日粮的能量浓度不能低于14.57兆焦/千克（代谢能）。随着仔猪体重的增加，能量浓度可以往下调，但建议不要低于13.61兆焦/千克（代谢能）。

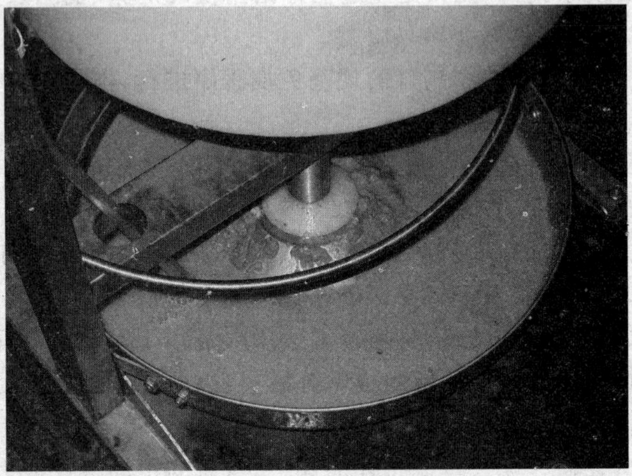

图5-9 稀料饲喂

204 育肥猪的生长发育有什么规律？

（1）猪体化学成分变化规律 随着年龄的增长，猪体内蛋白质.水分及矿物质含量下降。如体重10千克时，猪体组织内水分含量为73%左右，蛋白质含量为17%；到体重100千克时，猪体组织内水分含量只有49%，蛋白质含量只有12%。初生仔猪体内脂肪含量只有2.5%，到体重100千克时含量高达30%左右。

（2）机体组织生长规律 骨骼在4月龄前生长强度最大，随后稳定在一定水平上；皮肤在6月龄前生长最快，其后稳定；脂肪的生长与肌肉刚好相反，在体重70千克以前增长较慢，70千克以后增长最快。

（3）体重的绝对增重规律 一般体重的增长是慢—快—慢的趋势。正常的饲养条件下，初生仔猪的体重为1.0～1.2千克，7日龄内日增重为110～180克；2月龄体重为17～20千克，日增重为450～500克；3月龄体重为35～38千克，日增重为550～600克；4月龄体重为55～60千克，日增重为700～800克；5～6月龄全面的村镇信息共享体重为70～100千克，日增重为700克左右。

205 育肥猪的饲养方式有几种？

育肥猪的饲养方式很多，但归纳起来，大致可分为两类。一是传统的“吊架子”育肥法，又称阶段育肥法；另一类是直线育肥法，又称一贯育肥法或快速育肥法。

（1）“吊架子”育肥法　即把生长猪分为小猪、中猪、大猪三个阶段，按照不同的发育特点，采用不同的饲养方法。仔猪在体重30千克以前采取充分饲喂，也就是让猪不限量地吃，保证其骨骼和肌肉能正常发育，饲养时间2～3个月。从体重30千克喂到60千克左右，为吊架子阶段，饲养时间4～5个月，此期为限量饲喂，应尽量限制精饲料的供给量，可大量供给一些青绿饲料及糠麸类，使猪充分长成粗大的身架；猪体重达60千克以上进入催肥阶段，应增加精饲料的供给量，尤其是含碳水化合物较多的精料，并限制其运动，加速猪体内脂肪沉积，外表呈现为肥胖丰满。一般喂到80～90千克，需2个月左右，即可出栏屠宰上市。

“吊架子”育肥法多用于边远山区农户养猪，其优点是能够节省精饲料，充分利用青、粗饲料。缺点是猪增重慢，饲料消耗多，屠宰后胴体品质差，经济效益低。

（2）直线育肥法　主要特点是没有“吊架子”期，即从仔猪断奶到育肥结束，都给予完善营养，精心管理，没有明显的阶段性。

快速育肥法的优点是：猪增重快，育肥时间短，饲料报酬高，胴体瘦肉多，经济效益好。随着肉猪生产商品化的发展，传统的阶段育肥法已逐渐被快速育肥法所代替。

206 育肥猪饲养管理操作规程包括哪些内容？

①转入猪前，空栏要彻底冲洗消毒，空栏时间不少于3天。

②及时调整猪群，强弱、大小、公母分群，保持合理的密度，病猪及时隔离饲养。

③转入第一周可在饲料中添加土霉素、泰乐菌素等抗生素，预防及控制呼吸道病。

④保持圈舍卫生，加强猪群调教，训练猪群吃料，睡觉，排便“三定位”。

⑤清理卫生时注意观察猪群排粪情况；喂料时观察食欲情况；休息时检查呼吸情况，发现病猪，对症治疗。严重病猪隔离饲养，统一用药。

⑥按季节温度的变化，调整好通风降温设备，经常检查饮水器，做好防暑降温等工作。

⑦分群合群时，为了减少相互咬架而产生应激，应遵守“留弱不留强”“拆多不拆少”“夜并昼不并”的原则。

⑧每周消毒一次，每周消毒药更换一次。

207 怎样提高猪的育肥效率？

(1)合理转群　保育猪转群时要合理分群，应尽量原窝或原群转入一栏，避免重组咬斗应激。

(2)及时做好免疫注射、驱虫及公猪去势工作　按免疫程序进行猪瘟、猪丹毒、猪肺疫等疫苗的免疫注射；做好蛔虫、肺丝虫、姜片吸虫、疥螨和虱子等体内外寄生虫的驱虫工作；公猪要及时去势。

(3)营养充足均衡　按照育肥猪(图5-10)营养需要科学搭配饲料，让猪吃到营养配餐。

图5-10　育肥

(4)猪群规模和饲养密度要适宜　一般每群饲养10～20头猪为宜，最好不要超过25头。随着肥育猪体重增大，每头猪所需的面积相应增大。15～60千克的生长育肥猪每头所需面积为0.6～1.0米^2，60千克以上的育肥猪每头所需面积为1.0～1.2米^2。

(5)供给充足而洁净的饮水　一般春秋季饮水量为采食量的4倍，夏季饮水量为采食量的5倍，冬季饮水量为采食量的2～3倍。

(6)采用适宜的饲喂次数　一般育肥猪60千克体重以前日喂3次，60千克体重以后日喂 2 次。

208 育肥猪降温的方法有哪些？

育肥猪生长最适宜的温度是 15～23℃，气温高于 25℃时会出现食欲下降，采食减少，体温升高，呼吸频率增加，生长减慢等症状，如果持续高温炎热，甚至会出现中暑死亡。因此，做好育肥猪舍的降温工作十分重要。育肥猪舍常见的降温方法有以下几种：

(1)安装水帘　水帘降温是在猪舍一方安装水帘，一方安装风机，风机向外排风时，从水帘一方进风，空气在通过有水的水帘时，将空气温度降低，这些冷空气进入舍内使舍内空气温度降低。

(2)喷雾　把水变成很细小的颗粒，也就是雾，在下落的过程中不断蒸发，吸收空气中的热量，使空气温度降低；最简易的办法是使用扇叶向上的风扇，水滴滴在扇叶上被风扇打成雾状；这种设施辐散面积大，在种猪舍和育肥猪舍使用效果不错。

(3)淋水　将水直接淋到猪身上，一方面水温比体温低，可起到降温作用；另一方面，水落到猪体会蒸发吸热，使猪体周围空气温度降低。

209 育肥猪饲养管理要点有哪些？

(1)合理分群　当仔猪体重达到 30 千克时则进入育肥舍育肥。这时要根据育肥猪圈的大小、饲养的头数、仔猪的强弱等因素对仔猪进行合理的分群饲养。

(2)调教　当仔猪进入育肥舍后要对育肥仔猪进行调教，使之形成吃料、排粪尿、睡觉“三定”位，有利于保持猪舍卫生及管理。

(3)科学饲喂与饮水　进入育肥阶段后要根据猪的大小、猪的不同阶段对饲料营养要求不同，选择各个阶段饲料和营养水平饲喂；猪的饮水要在猪舍内安装自动饮水器，让其自由饮水。如无自动饮水器的猪舍，在采食后给予清洁的饮水。

(4)良好环境与卫生　规模化养殖场在新建猪舍时要考虑环保、是否在禁养范围、地点、地势、隔离、交通、水电等因素外，在结构、设计、配套设施上要请有专业技术人员进行规划设计。

(5)适时出栏　适时出栏是饲养育肥猪的一项重要经济措施。一般情况在 110～130 千克出栏养殖效益较高。同时，适时出栏对保障猪肉的品质十分重要。

210 育肥猪何时出栏合适？

肥育猪的适期出栏，通常认可的指标是90～100千克体重为宜。但从生产和经营的角度看，确定何时出栏，体重只是一个方面，另一方面是市场行情和直接有关育肥效益的其他因素。

(1)以体重作为适期出栏标准　依据有两个方面：其一，猪体重增到一定程度，如100～110千克以后，日增重就要下降；其二，猪体重越大，维持需要不断增加，饲料利用率降低；其三，猪体增重到一定程度，脂肪比例增加，瘦肉率下降，过肥的猪不受市场欢迎，同时售价也低，普通肉猪一般比瘦肉型猪价格低20%～25%。

(2)以经济效益作为适期出栏标准　猪育肥的最终目标是经济收入和效益，如果把养猪的经济收入和体重（或饲养期）的关系做成曲线图可以看出，在收入曲线的顶点之后的一定区间，甚至只要不低于顶点之前一段的平均数时出栏，都是很划算的。因此，一定要算总账，要有赶市场、赶季节的意识，到一定时间，销路好，价格高，就应当及时出栏；市场行情不好，也要根据实际情况，算好经济账，当养就养，当卖就卖，不必拘泥于固定的体重限制。

211 各阶段猪只适宜的温度范围是多少？

猪是恒温动物，当外界温度变化时，猪借助自身调节，维持体温平衡。适宜的温度对猪的生长发育非常重要。一般初生仔猪最适宜的温度是34～35℃，生后1～2周适宜温度为31～33℃，生后3～4周适宜温度为28～30℃，断奶后保育阶段的适宜温度为24～27℃，从保育舍出来后的适宜温度为20～23℃，体重40千克后猪的适宜温度在18～22℃。

以上各阶段的适宜环境温度并不一定是其最佳温度。考虑到要达到最佳温度须付出较大的经济代价，所以采用上述较为宽松的适宜温度范围对生产更有利。

212 隔离猪舍（后备舍）饲养管理操作规程有哪些内容？

①按进猪日龄，分批次做好免疫计划、限饲优饲计划、驱虫计划并予以实施。

②日喂料两次。母猪6月龄以前自由采食，7月龄适当限制，配种使用前一月或半个月优饲。限饲时喂料量控制在2千克以下，优饲时2.5千克以上或自由

采食。

③做好后备猪发情记录，并将该记录移交配种舍人员。母猪发情记录从6月龄时开始。仔细观察初次发情期，以便在第二至三次发情时及时配种，并做好记录。

④后备公猪单栏饲养，圈舍不够时可2～3头一栏，配前一个月单栏饲养。后备母猪小群饲养，5～8头一栏。

⑤引入后备猪头一周，饲料中适当添加一些抗应激药物如电解多维、矿物质添加剂等。同时饲料中适当添加一些抗生素药物如强力霉素、利高霉素、土霉素等。

⑥后备猪每天每头喂2.0～2.5千克饲料，根据不同体况、配种计划增减喂料量。

⑦后备母猪在7月龄转入配种舍。后备母猪的初配月龄须达到7.5月龄，体重要达到110千克以上。公猪初配月龄须达到8.5月龄，体重要达到130千克以上。

六、猪疾病防治

213 什么是传染病？传染病发生的条件是什么？

传染病：凡是由病原微生物及寄生虫引起，具有一定的潜伏期和临诊表现，并具有传染性的疾病，称为传染病。

传染病发生的条件是能在家畜之间直接接触传染或间接地通过媒介物（生物或非生物的传播媒介）互相传染，构成流行。传染病在畜群中蔓延流行，必须具备三个相互连接的条件，即传染源、传播途径及易感的动物，也称为传染病流行过程的三个基本环节，当这三个条件同时存在并相互联系时就会造成传染病的发生。

214 发生传染病后怎样才能很好地控制？

（1）现场调查，掌握疫情　当猪群发生传染病或疑似传染病时，应立即向当地畜牧兽医站报告疫情，如发病头数、死亡情况、主要症状、剖检变化和治疗情况等。以便及时到现场进行调查，共同会诊，确定病性，及时采取紧急防治措施，迅速扑灭。必要时，应把疫情通知邻近地区的养猪单位，以使他们采取必要的预防性措施。

（2）隔离病猪，及时治疗　发病猪场所有的猪必须进行全面、仔细地检查，病猪及可疑病猪应立即分别隔离观察和治疗，是控制传染来源的重要措施。要尽可能缩小病猪的活动范围，这样便于消毒，有利于防止病原微生物的扩散。对同群尚未发病的猪及其他受威胁的猪群，要加强观察，注意疫情动态。可以根据疾病的种类，采用相应的血清或疫（菌）苗进行紧急预防注射。

（3）封锁疫区，严格消毒　经确定为传染病后，应根据疫病种类和实际情况，划定疫区，进行封锁，防止疫病的继续扩散蔓延，以便就地将疫病迅速消灭，一般应将疫区控制在最小范围内。疫区在封锁期间应禁止猪群调运，并禁止从疫区调出饲料和畜产品。疫区的出入道口上要设立标记牌，禁止车马、行人进入，必要时可设立消毒池，派专人值勤并负责消毒工作，对猪舍、粪便、饲养管理用具及运输工具等都应进行消毒。

(4)妥善处理病猪尸体　因患传染病而死亡的病猪尸体，含有大量病原体，是散播疫病最主要的祸根。对病猪尸体的处理是否妥善，是关系到猪传染病能否迅即扑灭的一个重要环节。因此，患传染病死亡的猪尸体不能随便乱抛，更不能宰食和拿到集市上出售，以免散播疫病或发生肉食中毒。通常的处理方法是：烧毁、深埋或化制后作工业原料等。

(5)紧急预防注射　发生猪传染病时，邻近地区的猪应进行紧急预防注射，以保护猪群免受传染。一般来说，采取紧急预防注射以弱毒疫苗为好。

215 猪场的防疫措施有哪些?

(1)猪场环境控制

①猪场选址。充分考虑地势地形、水源水质、电力交通、周围环境和占地面积，防疫条件良好，距主要交通干线和居民区 1 千米以上。

②建筑布局。见猪场建设部分之猪舍建筑布局。

③猪舍设计。应该根据当地气候环境因素来决定，无论使用哪一种建筑类型，都要充分考虑到猪舍通风、干燥、卫生、冬暖、夏凉及环保的要求。

④消毒设施设备。猪场大门入口处要设宽与大门相同，长与进场大型机动车车轮一周半长相同的水泥结构消毒池。

生产区门口设有更衣换鞋室、消毒室或淋浴室。猪舍入口要设消毒池和消毒盆以供进入人员手脚清洗消毒。

养猪场应备有健全的清洗消毒设施，如喷雾器(图 6-1)。

图 6-1　消毒设施

⑤猪场的水源。猪场内的非饮用水源，应该定期进行处理和消毒。猪场内的饮用水系统应采用加氯消毒的深层井水，以控制水源对猪群疫病的传播。定期监测水质，保证水源无污染，符合人畜饮用水标准。

⑥绿化环境。场区内猪舍间植树、种草能够改善场区内的小气候。植树造林可有效降低冬春季风速和夏秋季气温，并能降低空气中有害气体的浓度，减少空气中细菌和尘埃的数量。

(2)传染因子的控制

①对人员的要求。

a. 工作人员应定期体检，取得健康合格证后方可上岗。

b. 生产人员进入生产区时应淋浴消毒，更换衣鞋。工作服应保持清洁，定期消毒。

c. 猪场兽医人员不准对外诊疗动物疾病，猪场配种人员不准对外开展猪的配种工作。

d. 非生产人员一般不允许进入生产区。特殊情况下非生产人员需经淋浴消毒，更衣换防护服后方可入场，并遵守场内的一切防疫制度。

②车辆管理。外来车辆应停在场外，确需进入须在指定地点清洗消毒，待自然干燥后方可进入。运猪的车辆必须内外分开，不能相互混用。运送饲料和其他物品的车辆不得进入生产区，运输动物产品的车辆不能进入场区，载有活猪活禽的非本场车辆一律不准接近场区。

③病原体携带动物的控制。老鼠、蚊子、苍蝇等可以传播多种疾病，如乙型脑炎、沙门氏菌病、大肠杆菌病等。所以经常开展杀虫灭鼠，控制有害生物。

猪场不允许饲养猫狗等小动物，对野猫、野狗要严加防范，可采取加高围墙，封闭大门等措施加以防范。

④引进猪只。坚持自繁自养的原则：必须引进猪只时，在引进前应调查产地是否为非疫区，并有产地检疫证明；猪只在装运及运输过程中没有接触过其他偶蹄动物，运输车辆应做过彻底清洗消毒；猪只引入后至少隔离饲养30天以上，在此期间进行观察、检疫，确认为健康者方可合群饲养。外调种猪在隔离舍进行彻底驱虫和适应性驯化，具体方法为将本场老母猪的粪便加水稀释后拌料饲喂2次。

⑤配种采用人工授精。人工授精技术的采用不再需要公猪的移动，避免了因公、母猪接触所可能带来的接触性疾病的传播。但有的疾病是可以通过精液传播的，如猪瘟、猪繁殖和呼吸综合征、猪伪狂犬等。因此输精前，应该检查精液中是否带有病毒。

(3)生产管理的控制

①粪便、污水、废弃物及病猪尸体处理。猪粪便应及时清理并通过污道运至场

外经生物发酵处理后可用作有机肥料；污水必须排入专门的处理系统，经处理达标后方可排放；所有废弃物都必须进行无害化处理；病猪尸体不可随意抛弃，可置于专用的尸体处理坑内，或进行高温处理、焚烧或深埋（图 6-2）。

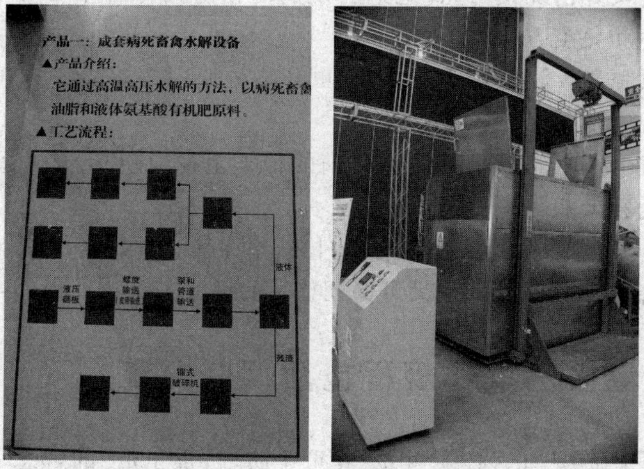

图 6-2　病死猪处理设备

②加强饲养管理，提高猪群的非特异性抗病能力。采用科学规范的饲养管理技术，提供全价的配合饲料，注意降低饲养密度，搞好环境卫生，改善环境条件，尽可能满足猪只生理对环境卫生条件的要求，保持猪舍温度、湿度适宜，空气质量良好，给猪群提供一个舒适的生存空间。

③消毒措施。猪场大门入口、生产区入口、每栋猪舍入口都要设有消毒池，并经常更换消毒液，保持其有效浓度；场内和生产区内道路定期消毒，猪场大环境每月彻底消毒 1 次，生产区净道每周消毒 1 次，污道每周两次；猪舍小环境（包括地面、墙壁、空间、用具等）应定期进行带猪消毒，猪转出猪栏后应彻底清洗消毒，空舍一周并再次消毒方可使用。注意定期更换不同性质的消毒剂，以免病原产生耐药性。

④饲料安全管理。原材料采购一定要保质、保量。确保不使用有污染的成分，充分保证饲料当天加工、当天运送、当天使用。

⑤饲喂。

a. 饲料每次添加量要按照生产阶段添加，少喂勤添，防止饲料变质发霉。

b. 转群时，按体重、公母、大小、强弱分群，饲养密度要适宜，保证猪只有充足的躺卧空间。

c.每天打扫猪舍卫生，保持料槽、水槽用具干净，地面清洁经常检查饮水设备，观察猪群健康状态。

(4)免疫接种　养猪场应根据《中华人民共和国动物防疫法》及相配套法规的要求，结合当地实际情况，有选择地进行疫病的预防接种工作，并注意选择适宜的疫苗、免疫程序和免疫方法。

(5)寄生虫控制　注意药物选择，驱虫药物的使用按 NY/T 5030(生猪饲养兽药使用准则)规定执行。

(6)疫病监测　养猪场常规监测疫病的种类至少应包括：猪瘟、猪繁殖与呼吸障碍综合征、伪狂犬病等。

(7)猪群的预防用药及保健　有条件的猪场建议做好药敏试验，合理选择用药，这样既可降低保健用药成本又可保证猪场的健康安全。

216 猪场兽医操作规程包括哪些内容？

(1)树立正确的观念　必须树立“养重于防，防重于治”的观念，在加强饲养管理的基础上，预防为主，治疗为辅。

(2)猪病预防措施　加强环境控制，严格防疫制度；改善饲养管理，提高猪群的抵抗力；适时进行合理的免疫接种；制定并执行科学的药物保健方案；定期进行卫生消毒及驱虫。

(3)加强巡视，勤于观察　观察猪是一项最重要的工作。猪睡觉安静时观察呼吸道病；搞卫生时观察消化道病；喂料后观察食欲。

(4)综合治疗原则　猪场的兽医工作人员应该定期地对大群猪做全面检查，对检查出的病猪应按不同的情况妥善处理，凡可疑或确诊烈性传染病的应立即封锁隔离，上报疫情，做全面消毒圈舍彻底消毒和紧急免疫接种。逐头检查，阳性的扑杀高温处理后深埋，一般的病猪要立即隔离单独治疗。

217 猪常见的传染病有哪些？

(1)病毒性疾病　猪瘟、猪伪狂犬病、猪繁殖与呼吸综合征、猪细小病毒病、猪日本乙型脑炎、猪圆环病毒病、猪传染性胃肠炎、猪流行性腹泻、猪轮状病毒病、猪流感、猪口蹄疫、猪水疱病、流行性乙型脑炎、非洲猪瘟等。

(2)细菌性疾病　副猪嗜血杆菌、猪传染性胸膜肺炎、猪支原体肺炎、猪传染性萎缩性鼻炎、巴氏杆菌病、猪大肠杆菌病、猪沙门氏菌病、猪增生性肠炎、猪痢疾、猪梭菌性肠炎、猪葡萄球菌病、猪链球菌病、猪丹毒、附红细胞体病、钩端螺旋体病、李氏杆菌病、坏死杆菌病、破伤风、猪渗出性皮炎、皮肤真菌病。

(3)寄生虫性疾病　弓形体、球虫病、蛔虫病、猪囊尾蚴病、猪疥癣。

218 当前流行的主要猪病有哪些?

(1)病毒性疾病　猪瘟、猪伪狂犬病、猪繁殖与呼吸综合征、猪细小病毒病、猪圆环病毒病、猪传染性胃肠炎、猪流行性腹泻、猪流感、猪口蹄疫。

(2)细菌性疾病　副猪嗜血杆菌、猪传染性胸膜肺炎、猪支原体肺炎、猪传染性萎缩性鼻炎、巴氏杆菌病、猪大肠杆菌病、猪沙门氏菌病、猪增生性肠炎、猪痢疾、猪梭菌性肠炎、猪葡萄球菌病、猪链球菌病、猪丹毒、附红细胞体病。

(3)寄生虫性疾病　弓形体、球虫病、蛔虫病、猪疥癣。

(4)猪普通病　乳房炎、疝气、直肠脱及脱肛、胀气、便秘、母猪无乳综合征、母猪发情不及时或不发情、异食癖、肢蹄病、妊娠母猪便秘。

(5)中毒病　霉菌毒素中毒、食盐中毒和某种重金属中毒。

219 怎么诊断猪病?

猪病诊断常用的方法有:现场快速诊断及实验室诊断技术

(1)现场快速诊断

①流行病学诊断。流行病学诊断是针对患传染病的动物群体,经常与临诊诊断联系在一起的一种诊断方法。

②临床症状观察。利用人的感官或借助一些最简单的器械如体温计、听诊器等直接对病畜进行检查。有时也包括血、粪、尿的常规检验。

③病理剖检诊断。病理剖检是诊断猪各种疾病最客观、最直接的方法,患各种传染病而死亡的畜禽尸体,多有一定的病理变化,可作为诊断的依据之一。进行病理学诊断时要选择症状较典型的病例进行剖检。

(2)实验室诊断

①病理组织学诊断。取病变组织,通过切片或涂片、染色处理,在光学显微镜下观察细胞组织病变。

②微生物学诊断。对病原因子进行分离、培养及鉴定或利用现代分子生物学方法查找致病病毒、病原菌、寄生虫等

③免疫学诊断。免疫学诊断是传染病诊断和检疫中常用的重要方法,包括血

清学试验和变态反应两类。

220 猪的体征变化与猪病有何关系？

(1)体温　猪的正常体温为38～39.5℃(直肠温度)。猪的体温低于正常温度称为低温(体温降低)。低温常见于大出血、产后瘫痪、循环衰弱、某些中毒或临死期;高温多见于传染性疾病和某些炎症过程中,如猪流感、猪伪狂犬病、猪传染性胸膜肺炎、猪丹毒、猪肺疫等病均引起体温升高。

(2)呼吸　健康猪每分钟呼吸10～20次。胸部和腹部肌肉一起一伏为呼吸一次。健康猪呼吸时胸部、腹部起伏协调,节奏均匀,强度适中。病猪气促,喘息,呈腹式呼吸,身体震动,有时张口呼吸,鼻翼扇动。

(3)脉搏　猪的正常生理脉搏数为每分钟60～80次。当心音增强,心搏动增强常见于各种热性疾病。当感觉或听诊出现心音重复或心音分裂,往往是患心肌炎、肺充血、肺炎等。心律不齐是猪患有心包炎、心内膜炎(猪丹毒等)或由于急性病引起的心脏扩张。

(4)精神状态　健康猪活泼,站立平稳,走动迅速,拱地寻食,不断发出“吭吭”声,神态自若,见有人来,凝神而视,睡时多侧卧,四肢舒展,吃食时争先恐后,嘴直入槽底,大口吞食,鬃毛震动,“喳喳”作响。病猪沉郁、委顿,独立一隅,吻部触地,全身颤抖,体温高时喜卧阴湿处或食槽内,睡时多蜷缩或伏卧,或将头枕在别的猪的身上,有的呈犬坐姿势,吃食立于槽外,或啜饮稀食,吃一、二口即自动退槽,吃完后肷部塌陷。

(5)外表　健康猪皮肤柔软有弹性,清洁光滑;病猪粗糙,被毛脏乱;健康猪鼻盘湿润,鼻孔清洁,病猪鼻盘干燥,流涕或血,口流涎。健康猪眼明亮有神;病猪发红,或有眼屎。健康猪排泄物粪便粗圆,有光泽,尿量和色泽正常,病猪粪便干或稀,有血或黏液,尿少而色棕黄。

221 病猪饮水、采食有些什么不同？

病猪跟健康猪在饮水和采食上的不同,主要表现在:

(1)采食　吃得多,不长,可能是一些慢性消耗性疾病、代谢性疾病、疾病恢复期或寄生虫疾病;吃得少,甚至不吃,见于一些发热性疾病、消化道疾病或一些慢性病,食道和咽部疾病。

(2)异嗜　主要是因为猪缺乏某种微量元素或维生素。

(3)饮水　大量饮水，提示为发热性疾病，脱水或者中毒性疾病；饮水少，多见于一些消化道疾病、全身麻痹或者脑炎。

222 猪的正常体温是多少？怎样给猪测量体温？

猪的正常体温为38～39.5℃（直肠温度）。不同年龄的猪体温略有差别，如刚初生的猪体温为39.0℃；哺乳仔猪39.3℃；中猪39.0℃；肥猪38.8℃；妊娠母猪38.7℃；公猪38.4℃。一般傍晚猪的正常体温比上午猪的正常体温高0.5℃。

临床上通常是采用测量猪直肠内的温度来确定（图6-3）。测体温前应在兽用体温计的末端系一条长10～15厘米的细绳，在细绳的另一端系一个小铁夹。测体温时应先将水银柱甩至35℃刻度线以下，并对体温计用碘酊、酒精棉球进行消毒，并涂少许润滑剂；一手拉住猪的尾巴，另一手持体温计沿稍微偏向背侧的方向插入其肛门内，再用小铁夹夹住猪尾根上方的毛以固定体温计。2～5分钟后取出体温计，用酒精棉球将其擦净后观测体温计读数。

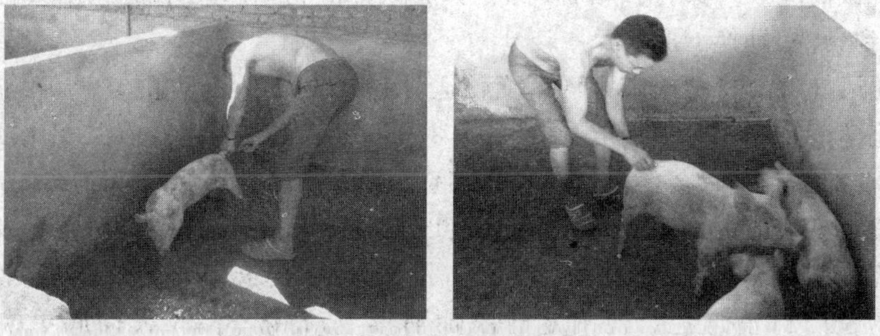

图6-3　给病猪测体温

223 引起猪发病的因素有哪些？

当前，猪病种类繁多，新增疫病也越来越多，疫病的复杂化、非典型化日趋严重，主要原因为：①药物大剂量、多品种的混用和滥用；②饲料中长期不正确地添加保健药物等。这不但造成耐药性或交叉耐药性产生，还会对动物机体肝脏、肾脏等器官以及免疫系统造成破坏；③不合理的免疫程序和不合理地使用疫苗，疫苗在保存及运输时出现问题，疫苗超过有效期、接种方法不当等；④出现免疫抑制现象，导致疫苗免疫失败；⑤没有严格执行消毒程序，消毒剂选择不当，消毒剂量不足，消毒不彻底等；⑥驱虫不当，驱虫方法不合理，驱虫药物使用不当；⑦饲养密度过大，造成疾病。

224 猪场如何进行消毒?

(1)空舍消毒

①机械清除。彻底打扫空舍顶棚、墙壁、地面,清除舍内的垃圾、粪便、污物等并做生物热消毒处理;经常洗刷料槽、水槽、栅栏、笼具等;冲洗地面、走道、粪槽等。

②化学消毒药喷洒。可用0.5%～1.0%过氧乙酸、20%石灰乳、0.1%～0.2%次氯酸钠、2%氢氧化钠、5%～20%漂白粉等喷洒消毒。

③熏蒸消毒。每立方米按福尔马林25毫升、水12.5毫升、高锰酸钾25克的比例进行熏蒸,密闭24～48小时,然后进行彻底通风换气。

④场舍门口消毒池的消毒。可选用2%～4%氢氧化钠、1%复合酚、1%过氧乙酸或1%农福,冬天应为饱和食盐氢氧化钠溶液。场区常用3%～5%来苏儿或20%石灰水喷洒消毒。

(2)带猪圈舍消毒

①机械清除。每天打扫猪舍内卫生,清除排泄物,料槽、水槽和用具都要保持清洁,做到勤洗、勤换、勤消毒。

②通风换气。根据季节和温度变化适时调节通风,保持舍内空气新鲜。

③化学药物喷雾。选用0.1%～0.3%过氧乙酸、0.1%～0.2%次氯酸钠、0.015%百毒杀等消毒药,对舍内设施、墙壁、地面每隔3～5天喷雾消毒1次。

当发生疫情或可疑病例时,对患病猪以及疑似病猪进行隔离,对猪舍及隔离场所可选用0.025%～0.05%百毒杀、0.3%次氯酸钠,要求每天至少消毒1次。

④场舍门口消毒池。池内定时添加消毒液,每隔3～5天彻底更换1次消毒液。

(3)猪体表消毒　可选用0.1%～0.3%过氧乙酸、0.015%百毒杀、0.1%新洁尔灭、0.2%次氯酸钠等进行猪体表喷雾消毒,要求雾粒直径80～120微米并均匀撒布,每周1次。

(4)车辆消毒　进出猪场的运输车辆,特别是运猪车辆,首先进行污物清除、打扫、冲洗或洗刷,然后选用2%～4%氢氧化钠、0.5%过氧乙酸等喷洒消毒。染疫运载车辆要进行2～3次反复消毒。

(5)粪便消毒

①生物热消毒。选择距离人、畜居住较远并避开水源的地方做堆粪场(有条件的猪场可修建发酵池)。

②掩埋。适用于烈性传染病病原体污染的少量粪便,将漂白粉或生右灰与粪

便按 1∶5 比例混合，然后深埋于地下 2 米左右。

③焚烧。此法用于带芽孢粪便的销毁。

225 目前常用的消毒剂有哪几类？

目前兽用消毒剂按其成分可分为：碱类消毒剂、酸类消毒剂、酚类消毒剂、醛类消毒剂、醇类消毒剂、卤素类消毒剂、氧化剂类消毒剂、季铵盐类消毒剂、挥发性烷化剂和复合型消毒剂等十类。

按照使用对象分为两类。

(1)环境消毒药

①酸碱类。常用有氢氧化钠、氯化钙、盐酸、硫酸等。

②酚类。常用有苯酚、甲酚、卤代苯酚及酚的衍生物等。

③醛类。包括甲醛和戊二醛。

④卤素类。无机氯化合物(如次氯酸钠、次氯酸钙、氯化磷酸三钠)、有机氯化合物(如二氯异氰尿酸钠、三氯异氰尿酸、氯铵 T 等)。含氯消毒剂可杀灭各种微生物，包括细菌繁殖体、病毒、真菌、结核杆菌和抗力最强的细菌芽孢。

⑤过氧化物类。氧化氢、过氧乙酸、二氧化氯和臭氧。过氧化物类消毒剂具有强氧化能力，各种微生物对其十分敏感，可将所有微生物杀灭。

(2)皮肤、黏膜消毒防腐药

①醇类。最常用的是乙醇，它可凝固蛋白质，导致微生物死亡，属于中效消毒剂，可杀灭细菌繁殖体，常用浓度为 75%。

②表面活性剂。苯扎溴铵、醋酸氯己定。

③碘与碘化合物。碘酊、碘附、聚维酮碘、碘仿。

④有机酸类。醋酸。

⑤过氧化物类。过氧化氢、高锰酸钾。

226 怎样采集、保存及送检病料？

(1)病料采集方法

①微生物学检验病料采取。

a. 脓汁、鼻汁、阴道分泌物、胸水及腹水的采取。一般用灭菌棉球蘸取病料后，放入灭菌试管中。采取破溃脓肿内的脓汁和胸水、腹水等时，可用灭菌注射器抽取，放入灭菌小瓶内。对较黏稠的脓汁，可向脓肿内注入 1～2 毫升灭菌生理盐水，然后再吸取。

b. 血液的采取。全血：用无菌操作前腔静脉采血3～5毫升，盛于灭菌加抗凝剂的EP管中。血清：用无菌操作从前腔静脉采血3～5毫升血液，在室温或恒温箱内静置1～2小时，待血液凝固后放置于4℃冰箱内2小时，吸出血清置于另一灭菌的小管内，冰冻保存。必要时经1 000转/分离心5～10分钟分离血清，再将血清吸出置于另一灭菌的小管内，冰冻保存。

c. 血液涂片。用末梢血、推薄膜血液涂片数张。

d. 胆汁的采取。可采取整个胆囊，或用烧红铁片烫烙胆囊表面或酒精棉球擦拭，再用灭菌吸管或注射器刺入胆囊内取胆汁数毫升，置于灭菌小瓶内。

e. 心、肝、脾、肺、肾和淋巴结等实质器官的采取。应在剖开胸、腹腔后立即采取，并注意无菌操作，先用废刀(新刀火烧后易损坏)在酒精灯上烧红后，烧烙取材的器官表面，再用灭菌的刀、剪、镊从组织深部取病料(1～2厘米^3)放在灭菌的容器内或塑料袋中。

f. 肠内容物及肠壁的采取。烧烙肠道表面，用小刀切一小孔，用吸管插穿肠壁，吸取肠腔内容物置入试管内，也可将肠管两端结扎后取出送检。如检肠壁，应将肠内容物除掉，用灭菌生理盐水冲洗后，置于盛有50%甘油水溶液或饱和氧化钠溶液的容器中送检。

g. 脑、脊髓的采取。常用于病毒检查，根据实验需要，无菌操作法采集病死猪的脑或脊髓，冰冻保存和送检。

②寄生虫学检查。

a. 血液寄生虫(如血孢子虫)。需送检血片及全血。

b. 线虫(绝大部分在胃肠道，也有的在肺、肾等处)。主要是挑拣虫体(要注明采集的部位)，尽可能多拣一些，并把它保存在4%福尔马林或70%的酒精中。

c. 病理组织学检验病料的采取。及时采取，及时固定，以免自溶；所切取的组织，应包括病灶和其邻近的正常组织；采取的病理组织材料，要包括各器官的主要结构，如肾应包括皮质、髓质、肾乳头及被膜；选取病料时，切勿挤压、刮抹、冲洗；选取的组织不宜太大，一般为3厘米×2厘米×0.5厘米或1.5厘米×1.5厘米×0.5厘米；当类似的组织块较多，易造成混淆时，可分别固定于不同的小瓶内，并附上标记(用铅笔标明的小纸片和组织块一同用纱布包裹)，再行固定；将固定好的病理组织块，用浸渍固定液的脱脂棉包裹，放置于广口瓶或塑料袋内，并将口封固，再用于棉花包装入木盒内寄送，此时，应将整理好的尸检记录及有关材料一同寄出，并在送检单中说明送检的目的和要求。

③毒物检验材料的采取。

a. 要求容器清洁，无化学杂质，要洗刷干净，不能随便用药瓶盛装，病料中更不能放入防腐消毒剂，因为化学药品可能发生反应而妨碍检验。

b. 送检材料应包括肝、肾、胃、肠内容物及怀疑中毒的饲料样品，甚至血和膀胱内容物。

c. 每一种病料应该放在一个单独容器内，不要混合。

d. 专人保管、送检，除微生物检查所附带的说明外，尚须提供剖检材料，提供可疑的毒物。

(2)病料保存方法

①菌检验病料。无菌采取的脏器病料，应低温下保存，有污染可能时，应将病料放在30%甘油缓冲液或饱和氯化钠溶液中。液体材料置灭菌试管或小瓶中，加塞密封即可。

②病毒检验材料。应尽快置于低温条件下保存。如无冷冻条件的，可将采取的病料保存于50%甘油生理盐水中，将容器封固。

③血清学检验材料。血清应低温保存，但不要反复冻融，也可在每毫升血清中加入3%～5%石炭酸1～2滴，防止腐败。

④病理组织学材料。将采取的组织块立即放入10%甲醛溶液中固定，在严寒季节可用95%酒精固定。

⑤毒物检验材料。应立即送检，如不能立即送检，应放入冰箱保存，防止腐败。

227 猪采血法有哪几种？

猪采血法有猪前腔静脉采血、耳缘静脉采血、腹腔静脉采血、尾静脉采血四种方法。但目前猪场采用的主要有：

(1)猪前腔静脉采血　该方法采血速度快，血液质量高且不易溶血，适合从仔猪到种猪的采血(图6-4)。但猪前腔静脉采血难度较大，采血员必须具备准确而熟练的操作技术。成年猪用保定绳固定，要求尽可能吊得高一点，使猪的头颈与水平面呈30°以上角度，这样，即方便采血人员察看采血部位，又使前腔静脉向外突出，静脉血充盈。20千克以上的中大猪，由1～2个饲养员用保定绳拉住，头昂起，偏向右侧；20千克以下的小猪，可由1个饲养员抓起，后肢着地，双腿夹住头部，两手抓住两前肢，也可用倒立法。猪的前腔静脉，越往头部越浅，但也越细；越靠胸部越粗，但也越深。一般20千克以下的小猪应选取两前肢与气管交汇处，公母猪和20千克以上中大猪可选颈部最低凹处，用针垂直刺入。当针头扎破静脉壁时，可以感觉得到轻微的“噗”的一声。

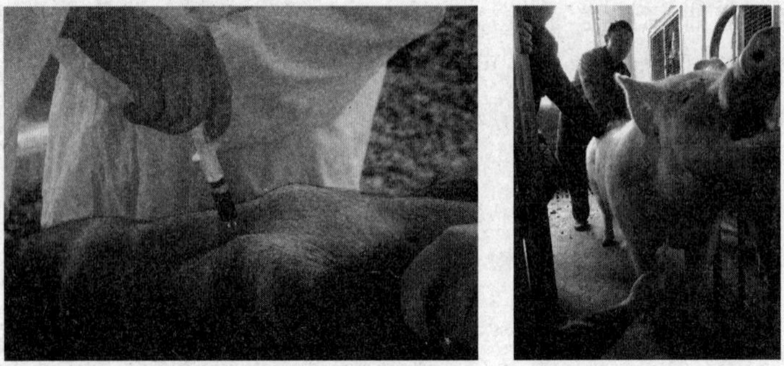

图 6-4 猪前腔静脉采血

(2)耳缘静脉采血 适用于 40 千克以上的中大猪或种猪。使用胶带捆扎采血猪耳根,待耳静脉怒张时,选取远心端的耳缘静脉碘酊酒精消毒后,进行采血。此种方法采血量小、易污染且不易保定,一般作为前腔静脉采血失败后的一种补救措施。

228 猪的保定方法有几种?

为了顺利地给病猪进行诊断和治疗,保证人和猪的安全,必须对猪只进行保定。常用的保定方法有下面几种,可以根据防治的目的及猪体的大小灵活应用。

(1)猪群圈舍保定法 在防疫注射时,对于育肥猪的健康猪群,组织适当人力将猪群赶进建筑较坚固的圈舍里,关紧圈门,并有 1～2 人使用必要设备不让猪乱跑散群。

(2)保定架保定法 保定架保定适用于大体型猪或性情凶猛的猪以及兽医院或猪场兽医室。保定架可用木或铁制成。

(3)横卧保定法 一人抓住猪的一条后腿,另一人握住猪的耳朵,两人同时向一侧用力将猪放倒,并适当按住头颈及后躯,加以控制,即可进行诊治。此法适用于中猪。大猪及性情凶猛的猪应采用其他方法。

(4)站立保定法 用于保定仔猪。双手将仔猪两耳抓住,并将其头向上提起,再用两腿夹住猪的背腰。

(5)提举后肢保定法 用于保定仔猪。将仔猪两后腿捉住,并向上提举,使猪倒立,同时用两腿将猪夹住(图 6-5)。

(6)仰卧保定法 一人抓住猪的两前肢腕关节,向前侧方外下用力,另一人抓住两后肢跗关节,向后侧方外下用力,猪背部着地。此法适用于中小猪,大猪如用

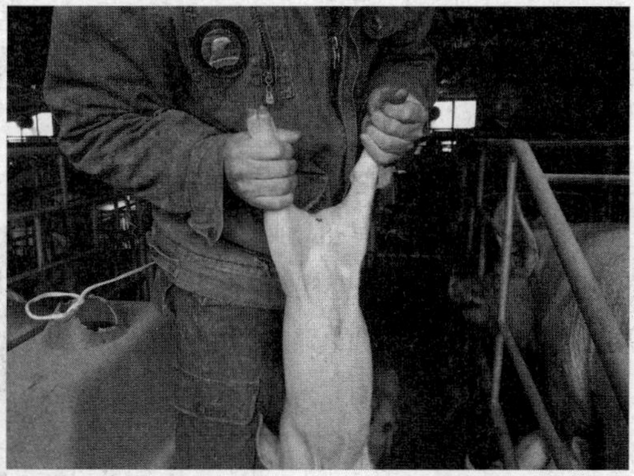

图 6-5　提举后肢保定法

这种方法需要多人保定。

除上面介绍的方法外，其他还有鼻绳保定法、木棒保定法及绳网保定法等，可根据情况使用。

229　如何正确地给猪打针？

给猪打针是预防和治疗猪病的主要方法。通常采用的有：肌肉注射、皮下注射、静脉注射、腹腔注射和穴位注射等几种打针方法。

(1)肌肉注射　疫苗注射时正确的注射部位位于耳后 5.0～7.5 厘米，靠近耳根部最高处的松皮皱褶部与紧皮交接处耳根基部最高点 5.0～7.5 厘米处；治疗给药时一般在臀部或耳根后(图 6-6)。

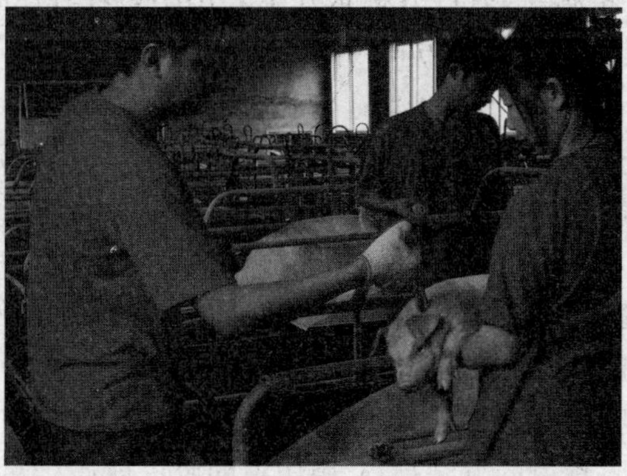

图 6-6　肌肉注射

(2)皮下注射　一般建议用比较短的针头,下针的部位位于耳后凹陷外疏松皮下,用食指及拇指拉高皮肤,另一只手将注射针头呈现一定角度插入,将注射物注入皮下。

(3)静脉注射(静脉推注和静脉输液)　一般先将注射猪站立保定,选一侧耳缘静脉血管明显,用绳子或胶带捆扎耳根部,用手拍耳部,使静脉怒张鼓起,用碘酊和酒精棉球消毒局部,接近耳尖处开始刺针,如有血回流说明已注射成功(图 6-7)。

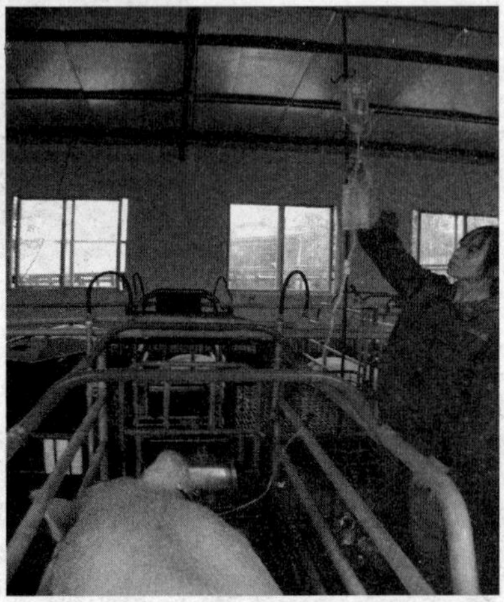
图 6-7　静脉滴注

(4)腹腔注射　一般用于仔猪脱水补液疗法。具体做法是把仔猪倒提,先抖动猪后肢,使肠管向前部移,在倒数第一和第二乳头之间距腹中线 1～2 厘米处垂直进针。腹腔注射药液不宜过多,一般一次 100～200 毫升为宜,并要充分保证腹部注射部位的消毒和防止刺伤大肠。天气寒冷又注入药液量较多时,注射前需将药液加温到 38～39℃。

(5)穴位注射　主要是百会穴、后海穴。根据病情需要和疫苗注射需要也可选择其他穴位。

230　怎么给猪灌药?

①给小猪灌药时,一个人用一只手抓住小猪的两条前腿,另一只手的拇指和食指捏住小猪嘴两边的牙冠处,嘴自然就张开了。用小勺轻轻压住舌头,慢慢把药灌入口中,捂住口鼻,咽下之后再灌另一勺。

灌药时应注意:

a. 在小猪大喊大叫用力挣扎时不能猛灌。

b. 不能把嘴抬得太高(嘴放平稍微朝上点就行),以免药液进入气管而出危险。

②给大猪灌药时,用胃管投药,将病猪站立或横卧保定,把其头部固定,使之不能活动,用开口器将猪嘴撬开,把胃管从舌面迅速通过舌根部插入食道中。当确定胃管插入位置无误时,即可注入事先溶解好的药物,灌完后再向管内打入少量气体,使胃管内药物排空,然后迅速拔出胃管。

检查胃管是否插入食道的方法是:a. 用压瘪的胶皮球连接在胃管的外口上,如球仍保持原状而不鼓起,将胶皮球充气向胃管打气而畅通无阻,即证明胃管已进入食道或胃内。b. 将胃管外口浸在水中。如随病猪呼气喷出气泡，则是插入了气管；如无气泡发生，则是插入食管。c. 如胃管插入气管，则猪不叫或叫声低弱；如胃管插入食道内，则叫声不变。

231 注射针头大小如何选择？

见表 6-1。

表 6-1　猪注射针头规格

猪体重(千克)	针头长度规格
<10	9 厘米×(1.2～1.8)厘米
10～30	12 厘米×(1.8～2.5)厘米
30～100	(14～16)厘米×(2.5～3.0)厘米
>100(公母猪)	16 厘米×(3.8～4.4)厘米

232 给药剂量是怎样计算的？

(1)药物的剂量单位　固体、半固体剂型药物常用剂量单位有千克(kg)、克(g)、毫克(mg)、微克(μg)，1 千克＝1 000 g，1 克＝1 000 mg，1 毫克＝1 000 μg。液体剂型药物的常用剂量单位有升(L)、毫升(mL)，1 升＝1 000 毫升。一些抗生素、激素、维生素等药物常用“单位(U)”“国际单位(IU)”表示。抗生素多用国际单位表示，有时也以 μg、mg 等重量单位表示。如青霉素 G，1 国际单位(IU)＝0.6 微克青霉素钠纯结晶粉或 0.625 微克钾盐，80 万 IU 青霉素钠应为 0.48 克；1 毫克杆菌肽＝40 单位，1 毫克制霉菌素＝3 700 单位，1 克链霉素或 1 克庆大霉素＝100 万单位，1 毫克＝1 000 单位。

同时要注意药物有效成分与实际使用计量之间的关系，例如，硫酸卡那霉素有效成分 75%，即每克含 75 万国际单位。

(2)药物含量表示的含义　用比号“∶”表示药物剂量与净含量的关系。例如某生产厂家出品的卡那霉素注射液规格标明 10 毫升∶1.0 克，表示 10 毫升药液中含净药量为 1.0 克。1 克＝1 000 毫克，表示每毫升含净药量 100 毫克(mg)。

(3)计算个体给药剂量　猪发病用药物治疗时，首先要看使用说明书是怎样规定的。如果已标明每千克体重注射多少毫升，那就照此执行。但有时只标明每千克体重多少毫克，那就要进行换算。用药量＝猪体重(千克)÷剂量(毫克/千克)×一般制剂单位标示量(毫克/毫升、毫克/片、毫克/克),要先将单位标示量换算成(毫克/千克)这种表示方法。举例:如10毫升:1.0克的卡那霉素注射液,标明肌注一次量为每千克体重15毫克,10千克体重的猪应注射多少毫升?先换算:首先应明确10毫升:1.0克,即10毫升含卡那霉素1克,1克=1 000毫克(mg),每毫升含100毫克,再计算10千克体重需多少毫克,用量=10(千克)÷15(毫克/千克)×100(毫克/毫升)=1.5(毫升),10千克体重的猪每次应肌注1.5毫升。

(4)说明书上未标明每千克体重用量时的换算方法　凡未标明每千克体重用量是多少毫升或多少毫克的,通常指的是50千克标准体重的猪的用量,可以除以50,换算出每千克体重的大体用量。不少药物,如肾上腺素、安钠咖、阿托品、安乃近等一些"剧药",多采用不标明每千克体重用量而只注明"猪"的用量的方式,大家知道了这个基础知识表示的含义,换算一下,就可以了。

如0.1%肾上腺素注射液常用来抢救严重过敏疾病。官方《兽药使用指南》一书中或生产厂家在《用法与用量》一栏中标明,皮下注射:一次剂量猪0.2~1.0毫升,就是指50千克体重的猪的用量,其他体重的猪可依次换算出大体用量。

有的还要通过换算才能确定用量。如兽医临床上最常用的解热镇痛药安乃近注射液,厂家是这样标示的:规格为10毫升:3.0克,用法与用量:肌注,一次剂量猪1~3克。它是指50千克重的猪一次可肌注3.3~10毫升,其他体重的猪可依此推算出用量。

233　给猪投药的方法有哪几种?各有什么优缺点?

给猪投药的基本原则:能饮水不拌料,能拌料不注射,能注射不输液。

(1)群体给药

①饮水给药。是指将药物溶解于水中,使猪只自由饮用而达到预防或治疗猪只疾病的一种方法。

饮水给药注意事项:

a.饮水投药只限于使用水溶性的药物。由于某些药物不溶于水或其制剂所需载体不溶于水,从而限制了可使用药物的品种。

b.需考虑药物在水中的稳定性。有些药物在水中不稳定,用此类药物时,要使猪只在短时间内饮完。所以,要根据药物在水中的稳定性来确定药物在水中的保存时间。

c.不易把握猪只个体的饮水量(即摄入药物量)。由于个别猪只过多或过少的摄入药物,可能导致中毒或耐药性。

d. 猪只耗水量并不等于实际的摄入水量，所以可能导致药物的浪费。

e. 保证水质的清洁，避免由于其他杂物污物或化学物品导致药物失效或发生物理化学反应的后果。

②拌料给药。对于还能吃食的病猪，将一次要喂的药物，均匀地混合在少量的精饲料中，让猪自己吞食。但是，这种药物必须是没有特殊气味的。比如，人工盐、碳酸钙等都可以采用这种方法。

(2)个体给药

注射给药：是使用注射器或输液器将药物直接注入猪体内的一种给药方法，也是防治猪病最常用的给药方法，具有用药量小、收效快等优点。根据给药的途径可分为肌肉、皮下、皮内、静脉、气管、胸腔、腹腔、后海穴注射等方法。

(3)不同给药方式的优缺点　见表 6-2。

表 6-2　不同给药方式的优缺点

<table>
<tr><th>拌料给药</th><th>饮水给药</th><th>注射给药</th><th>其他</th></tr>
<tr><td>群体给药，有浪费</td><td>分阶段群体给药</td><td>个体给药</td><td rowspan="7">其他给药途径如：胃管投服法、丸剂或舔剂投药法、汤匙投药法、喷雾等不常使用，无代表性</td></tr>
<tr><td>方便</td><td>方便</td><td>不方便</td></tr>
<tr><td>用药成本低</td><td>用药成本低</td><td>成本高</td></tr>
<tr><td>剂量不准确</td><td>准确</td><td>精确</td></tr>
<tr><td>适用于预防、治疗给药，作用慢。</td><td>适用于预防、治疗给药，作用较快、吸收良好、疗程短、药物利用率高</td><td>注射治疗或疫苗注射，劳动强度大</td></tr>
<tr><td>避免应激</td><td>避免应激</td><td>应激性大</td></tr>
<tr><td></td><td>适用于猪只因病或应激导致采食量降低或不食，而只能饮水的情况</td><td></td></tr>
</table>

234　影响药物作用的因素有哪些？

药物的作用是药物与机体相互作用的综合表现，许多因素都可能干扰或影响这个过程，使药物的药效发生变化，这些因素包括动物方面、药物方面和环境生态方面的因素等。

(1)药物方面的因素

①剂量。在一定范围内，随着药物剂量或浓度的增加或减少，药物的药理效应也相应增强或减弱，这种剂量与药理效应在一定范围内成比例的关系，叫作量—效关

系,或浓度—效应关系。所以在临床用药时,要根据药物的有效剂量及不同剂量的作用、药物的毒副作用、病情的发展等适当调整。

②剂型。主要影响药物的生物利用度。传统的剂型如水溶液、散剂、片剂、注射剂等,主要表现为吸收快慢、多少的不同,影响药物的生物利用度。随着新剂型研究不断取得进展,缓释制剂、控释制剂、靶向制剂先后逐步应用于临床,剂型对药物的影响越来越明显及具有重要意义。

③给药方案。给药方案包括给药剂量、途径、时间间隔和疗程等。

给药途径不同主要影响生物利用度和起效时间。给药途径应根据疾病治疗需要和药物的性质进行选择。

给药时间间隔主要影响最低有效浓度在血中维持的时间。一般情况下,在下次给药前要维持血中的最低有效浓度,尤其抗菌药物要求血中浓度高于MIC。

给药持续时间,称为疗程。疗程主要影响药物的治疗效果。大多数药物必须按一定的剂量和时间间隔多次给药,才能达到治疗效果。抗菌药物更要求有充足的疗程才能保证稳定的疗效,避免细菌产生耐药性。有些药物给药一次即可奏效,如解热镇痛药、抗寄生虫药物等。

④联合用药及药物相互作用。临床上同时使用两种以上的药物治疗疾病,称为联合用药。其目的是提高疗效,消除或减轻某些毒副作用;适当联合应用抗菌药也可减少细菌耐药性的产生。但是,同时使用两种或两种以上的药物,在体内药物均可发生相互作用,使药效或不良反应增强或减弱。药物相互作用按其作用机制可分为:药动学的相互作用、药效学的相互作用及体外相互作用等。

另外,药物制成剂型或复方制剂时也可发生配伍禁忌。如含水葡萄糖可使氨苄西林氧化;碳酸钙使四环素失效。

(2)动物方面的因素

①种属差异。动物品种繁多,解剖、生理特点各异,不同种属的动物对同一药物的药动学和药效学有很大差异,在大多数情况下表现为量的差异,即作用的强弱和维持时间的长短不同;在某些情况下也可引起质的差异 。

②生理因素。不同年龄、性别、怀孕或哺乳期动物对同一药物的反应往往有一定差异。这与机体器官组织的功能状态,尤其与肝药物代谢酶系统有密切的关系。如初生动物肝药酶功能不足,肾功能较弱;怀孕母畜对拟胆碱药、泻药、子宫兴奋药等敏感。

③病理状态。不同疾病对机体内环境和各系统组织器官功能的影响,会导致药物的药效学和药代学产生一系列的变化,从而使药理效应增强或减弱,甚至出现毒性反应。动物在病理状态下主要影响药物的反应性和影响药物的体内过程。影响药物

的反应性主要指有些药物在疾病动物的作用较显著，甚至在病理状态下才呈现药物的作用；影响药物的体内过程指各种疾病对药物体内的吸收、分布、生物转化和排泄均能产生明显的影响，引起药物蓄积、延长半衰期，从而增强药物的作用，严重可引发毒性反应。

④个体差异。同种动物在基本条件相同的情况下，有少数个体对药物特别敏感，称高敏性，另有少数个体则特别不敏感，称耐受性。动物对药物作用的个体差异中还表现为生物转化过程的差异。

(3)饲养管理和环境因素

①用药环境对药物的作用产生直接或间接的影响。

a. 不同季节、温度和湿度均可影响消毒药的疗效。

b. 通风不良、空气污染可增加动物的应激反应，加重疾病过程，影响药效。

c. 高温环境下，皮肤毛细血管扩张，促进药物从皮肤和呼吸道的吸收和排泄。

d. 将破伤风病猪安置在环境安静和黑暗处，有助于镇静药发挥作用等。

②饲养管理条件。

a. 营养缺乏，可使肝代谢某些药物的能力减弱。如缺乏维生素A、维生素C、维生素E时，肝药酶活性受抑制。

b. 动物疾病的恢复，只有配合良好的饲养管理，加强病畜的护理，提高机体的抵抗力，才能使药物的作用得到更好的发挥。

③时间、季节变化。

a. 生物活动具有时间节律周期，昼夜节律对某些药物的作用和体内过程具有一定的影响。

b. 排泄速率也呈昼夜节律。

235 药敏试验对猪场有什么意义？

①各种病原菌对抗菌药物的敏感性不同，即使同一细菌的不同菌株对不同抗菌药物的敏感性也有差异，药物敏感性试验用于测定细菌对不同抗菌药物的敏感度，或测定某种药物的抑菌（或杀菌）浓度，为临床选用有效的抗菌药物提供依据。

②随着新型致病菌的不断出现，抗菌药的防治效果越来越差，且各种致病菌耐药性的产生使各种常用抗菌药物往往失去药效，以及不能很好地掌握药物对细菌的敏感度。

③监测耐药性，分析耐药菌变迁，掌握耐药菌感染病流行病学，控制和预防耐药菌感染发生和流行。

总之,药敏试验既可以提高治疗效果,又可以减少盲目用药造成的经济损失,对养猪生产有非常重要的意义。

236 什么是药物保健?

药物保健是为使猪群保持健康而预防性用药,主要指细菌性疾病、病毒性疾病和寄生虫病三者的控制。特别是对于没有进行免疫的细菌性疾病和血液原虫性疾病,采取科学的药物保健预防措施,能够有效防止猪群在受到应激或母源抗体消失后感染发病。猪场药物保健的类型主要有针对一些发生和流行具有较明显季节性的疫病的季节性保健,针对不同生理阶段、年龄阶段猪群发病特点的阶段性保健和针对各种应激因素的抗应激药物保健等。

237 如何进行猪群的药物保健?

(1)常规保健　预防消化道和呼吸道疾病的调理保健。

(2)应激保健　气候骤变、转群、免疫前后的抗应激保健。

(3)关键阶段保健　产前产后、断奶前后、疫情威胁期间的强化保健。

①仔猪的保健。其目的是预防初生乳猪腹泻,减少断奶应激,增强体质,提高成活率,预防呼吸系统疾病。

②保育猪保健目标。减少断奶时的各种应激,增强体质提高免疫力,提高成活率,预防断奶后腹泻及呼吸系统疾病及水肿病。

③育肥猪的药物保健。其目的是预防疾病的发生,提高料肉比,增强体质,提高免疫力,缩短出栏时间。

④后备母猪的药物保健。其目的是预防疾病的发生,特别是呼吸系统疾病,净化猪场常见病原,增强体质,提高免疫力,促进生殖系统的生长。

⑤经产母猪的药物保健。其目的是减少无乳或少乳现象,增强体质,促进生殖系系统的恢复,减少乳房炎和产道炎症,预防产前、产后无名高热及产下仔猪腹泻。

⑥种公猪的保健。其目的是增强体质,提高免疫力,减少疾病的发生,增强精子活力、数量,提高精液品质,清除体内毒素。

238 药物保健的原则是什么?常用的药物有哪些?

(1)药物保健的原则

①要根据当地与本场猪病发生流行的规律、特点及季节性,有针对性地选择高

效、安全性好，抗病毒与抗菌谱广的药物用于药物保健。

②按照规定的有效剂量添加药物，严禁盲目随意的加大用药剂量。

③要科学的联合用药，注意药物配伍。

④要认真鉴别真假兽药。购买兽用药品时一定要认真查看批准文号、产品质量标准、生产许可证、生产日期、保存期及其药品包装物和说明书等。

⑤防止兽药残留。要按照国家规定的兽用药品休药期停止用药，一般出栏上市前一个月停止药物保健，以免影响公共卫生的安全。

⑥避免用药与疫苗的相互影响。在实施药物保健时，应注意避开疫苗的接种。

⑦轮换用药，防止产生耐药性。

(2)药物保健常用的药物

①呼吸道保健药物。支原净、氟本尼考、泰乐菌素、替米考星、强力霉素、磺胺类、氧氟沙星、环丙沙星、多西环素、阿奇霉素等。

②消化道保健药物。痢菌净、安普霉素、头孢噻呋钠、磺胺类、丁胺卡那、阿莫西林、硫酸新霉素、诺氟沙星、甲砜霉素等。

③抗病毒药物。黄芪多糖、金丝桃素、绿原酸、干扰素、转移因子、利巴韦林(禁)、盐酸金刚乙胺(禁)及中药板蓝根、金银花、连翘、鱼腥草、黄连、黄芩、银耳多糖、灵芝多糖等。

④抗应激药物。多维、电解质、维生素C、免疫增效剂等。

⑤驱虫药物。伊维菌素、阿维菌素、芬苯达唑、左旋咪唑等。

239 中药可以用于猪的保健吗？

中草药作为我国传统医学的一部分，自古以来就是中兽医的一个重要组成部分，中草药具有补气益血、清热解毒、健脾开胃、抗菌驱虫、强身健体的功效，通过合理的中草药配伍，在猪的不同生长阶段加入饲料中饲喂，可以起到防病治病，促生长，增加体重的作用，特别是近年来，随着饲料中禁止使用抗生素，中草药的抗菌促生长、强身健体的作用更是凸显出它的价值，使用中草药作为饲料添加剂，用作猪的药物保健，不仅价格便宜，无药物残留，而且加工方便，饲喂效果好，来源广泛，有些甚至可以就地取材，中草药作为猪的保健药物应用越来越广泛。但是在中草药的使用中也要注意不滥用、不随意进行中草药的配伍、不使用一些国家明令禁止使用的一些中草药，如果使用成药，要使用正规厂家有批号、生产日期和合格证的中草药，不能使用三无产品。

240 什么是抗体、抗原？免疫反应是怎么回事？

抗原(antigen，简称 Ag)：是指进入动物机体后，能刺激机体产生特异性免疫球蛋白或致敏淋巴细胞，并能与其发生特异性反应的物质，也就是说具有抗原性的物质称抗原。多系异体的大分子蛋白质。

抗体(antibody，简称 Ab)：是动物机体受到抗原刺激后，由 B 细胞转化为浆细胞所产生的，能与相应抗原发生特异性结合的免疫球蛋白，主要存在于血清等体液中。注意抗体都是免疫球蛋白，并非所有免疫球蛋白都具有抗体活性。目前发现的免疫球蛋白按其结构和功能可分为 IgG、IgM、IgA、IgE、IgD 五类。

免疫反应即免疫应答(immune response)：在机体内，中枢免疫器官形成 T 细胞和 B 细胞的前体细胞，前体细胞进入外周免疫器官后，发育成免疫活性细胞，接受抗原的刺激而分化增值发挥体液免疫和细胞免疫作用。根据免疫机制，免疫应答可分为体液免疫和细胞免疫。体液免疫由 B 细胞介导的免疫应答称为体液免疫(humoral immunity)，而体液免疫效应是由 B 细胞通过对抗原的识别、活化、增殖，最后分化成浆细胞并分泌抗体来实现的，因此抗体是介导体液免疫效应的免疫分子；细胞免疫指 T 细胞在抗原刺激下活化、增殖、分化，并产生淋巴因子而发挥的特异性免疫应答。

241 猪母源抗体的特点有哪些？

动物通过母体胎盘、初乳或卵黄从母体获得某种特异性抗体，从而获得对某种病原体的免疫力，称为天然被动免疫。通过胎盘、初乳或卵从母体获得的抗体，称为母源抗体，具有以下特点：

(1)母源抗体的转移途径　不同动物母源抗体的传递方式及抗体从母体到达胎儿的途径，取决于胎盘屏障结构的组成。猪的胎盘为上皮绒毛膜型，胎儿与母体之间的组织层次为 6 层，免疫球蛋白分子通过胎盘的通路全被阻断，母源抗体必须从初乳获得。

(2)母源抗体的抗感染保护作用　由于动物在生长发育的早期(如胎儿和新生幼龄动物)，免疫系统不够健全，对病原体感染的抵抗力较弱，而动物可通过获取母源抗体增强自身免疫力，以保证早期的生长发育。

(3)母源抗体对弱毒疫苗的干扰作用　母源抗体不仅在抗感染免疫中具有重要意义，而且对疫苗接种存在有干扰作用，尤其是对弱毒疫苗的干扰更为严重，从而影响了疫苗对幼龄动物的免疫效果，甚至导致免疫失败。因此，在制定免疫程序时，必须考虑到母源抗体的干扰作用。

(4)母源抗体的持续期　肠壁对蛋白质的通透性在刚出生时最高，然后迅速下降，大约在24小时以后降至很低水平。幼畜血清中免疫球蛋白水平一般在12～24小时达到最高峰，吸收终止以后，这些被动获得的母源抗体由于降解代谢，作用开始下降。下降的速度因动物种类和免疫球蛋白的类别，IgA和IgM下降快。抗体降低到无保护力时所需的时间因起始浓度及半衰期不同而异。仔猪免疫球蛋白的半衰期较长(6.5～22.5天)，母源抗体的保护力可达一个月。

242 猪群为什么要进行抗原抗体检测？

(1)抗体检测技术在猪场中的意义

①评估母源抗体的消长状况以决定首免日龄。由于各猪场的断奶时间、饲养模式、所用疫苗、免疫剂量、母源抗体不同，盲目地照抄照搬该免疫程序，极易造成免疫失败。所以，在使用疫苗尤其是活苗的时候，一定要考虑母源抗体的影响，最可靠和可行的方法就是通过血清学检测方法来测定母源抗体的消长，确定免疫接种的最佳时机。如猪瘟、猪伪狂犬病、蓝耳病等病。

②评估免疫效果。尽管各猪场都进行各种疫苗的免疫，但免疫效果受猪体状态，疫苗质量和操作等方面的影响，所以应该定期按比例抽取猪的血液进行抗体检测，以了解猪群免疫水平高低和抗体水平的整齐度，了解疫苗免疫效果如何(抗体水平、均匀度、持续时间)。如了解猪场各猪群的猪瘟、猪伪狂犬病和蓝耳病免疫抗体状况，现在很多猪场面临的情况是，自己也免疫了，究竟有效没有心里不清楚，甚至有的猪场说.免疫后不发病就是有效，发病就是无效，如果那样才知道有效无效，等发病后损失就大了。

③了解猪群中野毒感染状况，逐步剔出阳性猪只，使猪群得到净化。通过试剂盒，检测缺失部分产生的抗体，从而判定是否为野毒感染。如猪伪狂犬病。

(2)抗原检测技术在猪场中的意义　可作为抗原进行检测的物质分为以下四类：

①各种微生物及其大分子产物。用于传染病诊断、微生物的分类及鉴定以及对菌苗、疫苗的研究。

②生物体内各种大分子物质。包括各种血清蛋白(如各类免疫球蛋白、补体的各种成分)、可溶性血型物质、多肽类激素、细胞因子及癌胚抗原等均可作为抗原进行检测。在对这些成分的生物学作用的研究以及各种疾病的诊断有重要意义。

③人和动物细胞的表面分子。包括细胞表面各种分化抗原(如CD抗原)、同种异型抗原(血型抗原或MHC抗原)、病毒相关抗原和肿瘤相关性情抗原等。检测这

些抗原对各种细胞的分类、分化过程及功能研究、对各种与免疫有关的疾病的诊断及发病机制的研究，均有重要意义。

④各种半抗原物质。某些药物、激素和炎症介质等属于小分子的半抗原，可以分别将它们偶联到大分子的载体上，组成人工结合的完全抗原。用其免疫动物，制备出各种半抗原的抗体，应用于各种半抗原物质的检测，例如对某些病人在服用药物后进行血中药物浓度的监测。对运动员进行服用违禁药品的检测，都是应用半抗原检测的方法。

243 猪病的实验室检测方法有哪些?

(1)猪的粪尿常规检查

①尿中的潜血检查。肾、膀胱及尿路的出血性疾病以及溶血性疾病，如猪瘟、猪丹毒、新生仔猪溶血病等，在其尿液中均含有血液或血红蛋白，但若仅有少量，肉眼直接看不到，必须借助化学方法来测定。常用联苯胺测定法。

②粪中的潜血检查。粪便中的潜血阳性，见于胃溃疡、胃穿孔及胃肠道的出血性疾病。常用联苯胺测定法。

③粪便的显微镜检查。借助显微镜检查粪便中的寄生虫虫卵和幼虫，同时了解被检猪的消化能力及胃肠道有无炎症病变。检查方法采用直接涂片法和饱和食盐水漂浮法。

(2)细菌分离培养　猪的细菌性疾病种类很多，危害大，其中有的疾病容易诊断，有些疾病难以确诊，而更多的细菌病是并发或继发感染，为了及时、准确地诊断，规模化猪场有必要开展细菌的分离、培养及鉴定工作(图6-8)，同时还能将分离的细菌做药物敏感试验选择出敏感性好的抗菌药物进行治疗。

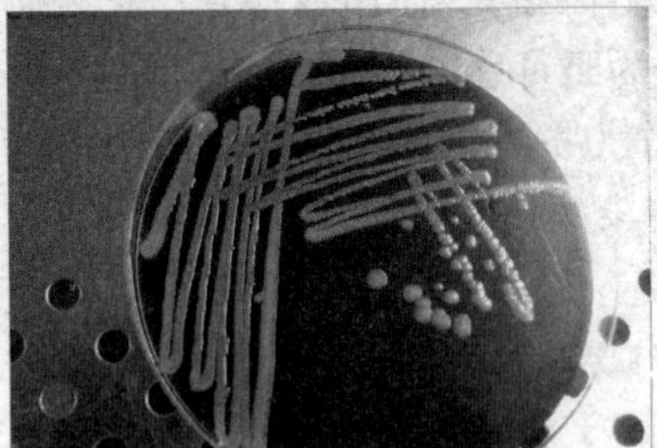

图6-8　细菌鉴定

(3)药敏试验

①定义。体外抗菌药物敏感性试验简称药敏试验(AST),是指在体外测定药物抑菌或杀菌能力的试验。

②方法。

a. 纸片扩散法(disk diffusion test)　Kirby-Bauer 法(K-B 纸片琼脂扩散法)和直接纸片药敏法,一般普遍使用的是纸片扩散法。

b. 稀释法(dilution test)　琼脂稀释法和肉汤稀释法。

c. 抗生素浓度梯度法-E 试验(E-test)。

③纸片扩散法试验原理。将含有定量抗菌药物的纸片贴在已接种测试菌的琼脂平板上,纸片中所含的药物吸收琼脂中水分,溶解后不断向纸片周围扩散形成递减的梯度浓度。在纸片周围抑菌浓度范围内测试菌的生长被抑制,从而形成无菌生长的透明圈即为抑菌圈。抑菌圈的大小反映测试菌对测定药物的敏感程度,并与该药对测试菌的 MIC 呈负相关关系,即抑菌圈愈大,MIC 值愈小(图 6-9)。

④操作。

a. 无菌操作,取细菌培养物,用接种环在营养琼脂平板上密集均匀划线。

b. 用无菌眼科镊子夹取各种抗菌药物纸片(在纸片上标记药物名或代号),然后轻轻贴在已经接种细菌的琼脂培养基表面,一次放好,不能移动,各纸片间的距离要大致相等。

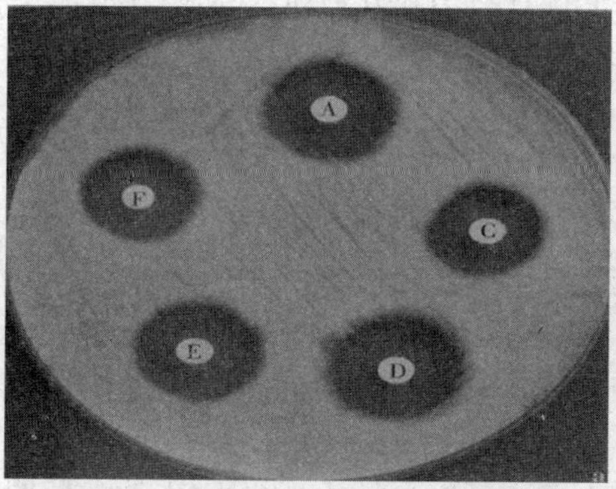

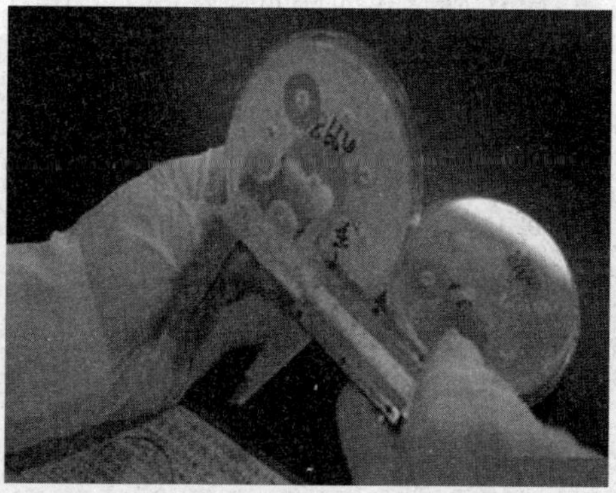

图 6-9　药物敏感试验

c. 倒置平皿,在 37℃温箱中培养 18～24 小时。然后观察结果。

d. 结果观察:使用游标卡尺量取抑菌圈直径。根据游标卡尺读数,做出“敏感”“耐药”和“中介”的判断。一般临床据纸片周围有无抑菌圈及其直径大小,确定细菌对抗生素等药物的敏感度。抑菌圈越大,说明该菌对此药物敏感性越大,反之越小,若无抑菌圈，则说明该菌对此药具有耐药性。其直径大小与药物浓度、划线细菌浓度及药物种类等有直接关系。

(4)血清学试验　由于血清学反应具有高度的特异性和敏感性，因此在兽医学中广泛用于传染病的诊断、病原微生物的鉴定及抗体的检测等。检测方法主要有：凝聚反应、沉淀反应、补体结合试验、中和试验、免疫标记的抗原抗体技术(酶联免疫吸附试验(ELISA)、免疫荧光技术、放射免疫分析法)。

猪瘟病毒抗体检测试剂盒(间接 ELISA)操作步骤：

①样品准备。

a. 取动物全血按常规方法制备血清，要求血清清亮、无溶血、无污染。样品 1 周内可于 2～8℃保存，长期需放置－20℃保存。

b. 用样品稀释液将待检血清按 40 倍稀释(如 5 微升血清加入 195 微升样品稀释液中，混匀)。阴、阳性对照不用稀释。

c. 浓缩洗涤液使用前应恢复至室温使沉淀溶解，然后用蒸馏水或去离子水作 20 倍稀释。

②检验方法。

a. 使用前将试剂盒置室温 30 分钟，恢复至室温。

b. 取所需用量酶标板条，设空白对照 1 孔、阴性/阳性对照各 2 孔，未用的板条尽快密封，2～8℃保存。

c. 空白对照孔加样品稀释液 100 微升；阴、阳性对照孔分别加入阴、阳性对照 100 微升；样品孔每孔加入稀释后的样品 100 微升。

d. 混匀，置 37℃反应 30 分钟。

e. 扣去孔内液体，每孔加满洗涤液，静置 30 秒后弃去，重复洗涤 5 次，拍干。

f. 每孔加酶标记物 100 微升(空白孔除外)。置 37℃反应 30 分钟。

g. 洗涤，同步骤 e。

h. 每孔依次加底物液 A、底物液 B 各 50 微升，混匀，37℃避光反应 10 分钟。

i. 每孔加终止液 50 微升，混匀，用空白孔调零，于 450 纳米(可用 630 纳米作参比波长)测定各孔吸光值(A 值)。

③结果分析。

参考值：实验正常的情况下，阴性对照≤0.10，阳性对照≥0.6。

a. 样品 A 值≥0.38 为阳性；样品 A 值在 0.2～0.38 之间为可疑；样品 A 值＜0.2 为阴性。

b. 本实验结果为阴性或可疑时表明猪只抗体水平不足，建议补打相应疫苗。

(5)分子生物学实验　猪场主要采用 PCR 技术检测重大疫病的病原，如猪瘟病毒(MSFV)、口蹄疫病毒(MFV)、猪繁殖与呼吸综合征病毒(PRRSV)、伪狂犬病毒液(PRV)、圆环病毒(PCV2)等。

244 什么是猪病的快速检测?

金标快速检测卡(胶体金免疫层析技术):20 世纪 80—90 年代在酶联免疫吸附试验、乳胶凝集试验.单克隆抗体技术、胶体金免疫技术和新材料技术基础上发展了新型体外诊断技术——胶体金免疫层析技术(colloidal gold immunochromatography assay, GICA)。GICA 是一种新型检测方法,具有简单快速、结果清晰,可通过肉眼判定结果、无须复杂操作技巧和特殊设备、灵敏度高、无污染、携带方便等优点,已成为临床快速诊断领域发展的一个新方向,在发达国家已得到广泛应用。

检测方法:

①将检测卡从铝箔袋中取出,水平放置并做好标记。

②在检测卡的加样孔内加入 2 滴(70~100 微升)待检血清/血浆/全血标本。

③20 分钟内观察并记录实验结果(图 6-10)。

结果判定:

阳性:对照线区(c)和检测线区(T)各出现一条紫红色线。

阴性:只有对照线区(c)出现一条紫红色线。

无效:未出现紫红色线或只在检测区(T)出现紫红色线,对照线区(c)未出现紫红色线。

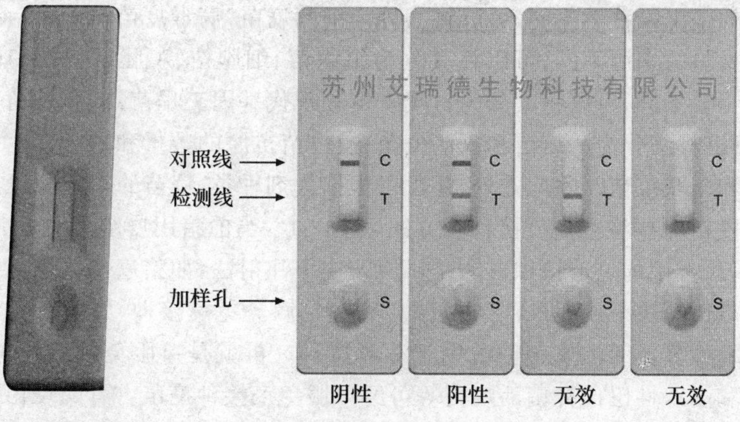

图 6-10 金标快速检测卡

245 什么是免疫接种？为什么要对猪群进行疫苗免疫？

免疫接种是激发动物机体产生特异性抵抗力，使易感动物转化为不易感动物的一种手段。有组织有计划地进行免疫接种，是预防和控制猪病的重要措施之一，在猪瘟、猪伪狂犬等病的防制措施中，免疫接种更具有关键性的作用。根据免疫接种进行的时机不同，可分为预防接种和紧急接种两类。

预防接种：在经常发生某些传染病的地区，或有某些传染病潜在的地区，或受到邻近地区某些传染病经常威胁的地区，为了防患于未然，在平时有计划地给健康畜群进行的免疫接种，称为预防接种。预防接种通常使用疫苗、菌苗、类毒素等生物制剂作抗原激发免疫。

紧急接种：紧急接种是在发生传染病时，为了迅速控制和扑灭疫病的流行，而对疫区和受威胁区尚未发病的畜禽进行的应急性免疫接种。从理论上说，紧急接种以使用免疫血清较为安全有效。但因血清用量大，价格高，免疫期短，且在大批畜禽接种时往往供不应求，因此在实践中很少使用。多年来的实践证明，在疫区内使用某些疫(菌)苗进行紧急接种是切实可行的。例如在发生猪瘟、口蹄疫、鸡新城疫和鸭瘟等一些急性传染病时，已广泛应用疫苗作紧急接种，取得较好的效果。

246 疫苗的种类有哪些？如何使用？

猪用疫苗种类繁多，根据疫苗的性质和制备工艺，可以划分为不同的种类，根据制作疫苗的微生物种类不同，可以将其分为细菌疫苗、病毒疫苗、寄生虫疫苗；根据制造疫苗原材料的来源不同，可以将其分为组织苗、细胞苗、鸡胚苗、培养基苗等；按照疫苗制造工艺不同，可以将其分为常规疫苗和现代基因工程苗；按照疫苗是否具有感染活性，可以将其分为活疫苗和灭活疫苗；按疫苗抗原的数量和种类，分为单价疫苗、多价疫苗和多联疫苗。除此之外，还可以根据佐剂种类、疫苗的物理性状等划分。

使用疫苗时要注意免疫接种的方法(表6-3)。当前猪用疫苗无论是活疫苗，还是灭活疫苗，最常用的疫苗接种方法是肌肉或皮下注射法，如猪瘟兔化弱毒疫苗和猪蓝耳病灭活疫苗等皮下或肌肉注射接种。其次是滴鼻免疫接种，如伪狂犬病疫苗和猪传染性萎缩性鼻炎灭活疫苗等可用于滴鼻接种。再就是口服免疫接种，如仔猪副伤寒活疫苗和多杀性巴氏杆菌活疫苗等可经口服免疫接种疫苗。有的疫苗也有经穴位注射接种的，如猪传染性胃肠炎和流行性腹泻疫苗采用猪后海穴接种，效果较好。

表 6-3　猪免疫接种常用疫苗种类及使用方法

疫苗种类	免疫方法
猪瘟脾淋活疫苗(兔源)	肌肉注射
猪瘟细胞活疫苗或猪瘟耐热保护剂活疫苗(细胞源)	肌肉注射
经典蓝耳病弱毒疫苗	肌肉注射
高致病性蓝耳病活疫苗(JXAI-R 株)	肌肉注射
猪伪狂犬病双基因缺失活疫苗	肌肉注射或滴鼻免疫
猪口蹄疫 O 型、A 型高效灭活疫苗或猪口蹄疫 O 型合成肽疫苗	肌肉注射
猪细小病毒活疫苗	肌肉注射
猪喘气病弱毒活疫苗	肺内注射或鼻腔喷雾
猪喘气病灭活疫苗	肌肉注射
副猪嗜血杆菌多价血清灭活疫苗	肌肉注射
猪链球菌双价血清灭活疫苗	肌肉注射
猪传染性胸膜肺炎多价血清油乳剂灭活疫苗(含血清型 1、5、7 型)	肌肉注射
猪圆环病毒 2 型灭活疫苗(ZJ/株)	肌肉注射
猪传染性胃肠炎-流行性腹泻二联活疫苗	肌肉注射或猪后海穴

247　疫苗的保存、运输要注意些什么？

疫苗不同于普通的化学药品，从化学成分上多为蛋白质或活的微生物。因此，他们一般需要避光、避热，有些还需要冻结保存。保存和运输条件要求严格和细致，否则可直接影响其质量，所以要严格遵照生物制品厂的要求，进行保存和运输，一般需要注意以下几点：

①疫苗应保存在干燥阴暗处，避免阳光直射。

②温度对疫苗的影响特别重要，应放在冷库或冰箱中保存。灭活苗最适保存温度是 2～8℃，不能过热，也不能低于 0℃；活疫苗需在低温冷冻保存，冷冻真空干燥制品要求在－15℃以下保存，温度越低保存时间越长。冻干苗的保存温度与冻干保护剂的性质密切相关，一些国家的冻干苗可以在 2～8℃保存，因为用的是耐热保护剂。多数活湿苗，只能现制现用，在 0～8℃条件下仅可短期保存。冻结苗应在－70℃以下的低温条件下保存。工作中必须坚持按照规定温度条件保存，不能任意放置，防止高温存放或温度忽高忽低，以免影响疫苗的质量。

③在运输过程中应注意防止高温、暴晒和冻融。如果是活苗需要低温保存的，可先将活疫苗装入盛有冰块的保温瓶或保温箱内运送。在运送过程中，要避免高温和阳光直接照射。北方寒冷地区要避免液体制品冻结，尤其要避免由于温度高低不定而引起的反复冻结和融化。切忌把药品放在衣袋内，以免由于体温较高而降低药品的效力。大批量运输的疫苗应放在冷藏箱内，有冷藏车者用冷藏车运输更好，要以最快速度运送疫苗。

248 使用疫苗要注意些什么？

①免疫接种前应结合当地的实际情况制订出适合本地、本场疫病防疫的免疫程序，接种时应做好记录，记录项目包括接种对象、时间、抗体水平、使用疫苗名称、剂量、途径、生产厂家、生产批号、失效期等，以便查询。

②接种前要对疫苗质量进行检查，严格把关并做详细记录，若遇以下情形之一者，应弃之不用。

a. 没有标签，无头份和有效期或不清者。

b. 疫苗瓶破裂或瓶塞松动者。

c. 生物制品质量与说明书不符，如色泽、沉淀发生变化，瓶内有异物或已发霉者。

d. 超过有效期者。

e. 未按产品说明和规定进行保存的疫苗。

③免疫前观察动物健康。在免疫前先观察动物群的健康状况，只有健康的动物才可以接种疫苗。畜群健康状况不佳时应暂缓用苗。这时免疫不但不能产生良好的免疫效果，而且可能会因接种应激而诱发疫病，甚至发生疫病流行。

④疫苗稀释。应注意按说明所规定或相应稀释液进行稀释，注意水的质量要求，稀释时应反复冲洗以防疫苗损失，并注意小心操作，避免疫苗菌液漏失。

⑤器械消毒。疫苗接种用注射器、针头、镊子、滴管、稀释用的瓶子要事先清洗，并用沸水煮 15～30 分钟。消毒切不可用消毒药消毒。一个注射器和针头注射一定数量动物后，一定要换用新的，有疫情发生时，接种不同动物要更换针头。

⑥免疫废弃物处理。已稀释的疫苗剩余部分应煮沸倒掉，其他免疫废弃物针头、塑料，特别是活疫苗瓶应烧掉或深埋，切忌在栏舍内乱扔乱放，防止散毒，或动物误食。

⑦接种后的免疫效果检查。接种后定期对动物进行检查。

⑧副作用的观察与处理。疫苗免疫后要注意观察畜禽情况，如发现异常反应及时处理。

249 发生疫苗反应时应该怎么处理？

接种疫苗后，要认真观察猪群的动态，发现问题及时处理。疫苗免疫接种反应有：

(1)一般反应(高热反应)　猪接种疫苗后体温稍升高0.5～1℃属于正常反应。若升高1.5～3℃，则属严重反应。一般不需治疗，1～2天后可自行恢复。

(2)急性反应(过敏反应)　注射疫苗后20分钟发生急性过敏反应，猪只表现呼吸加快、喘气、眼结膜潮红、发抖、皮肤红紫或苍白、口吐白沫、后肢不稳、倒地抽搐等。可立即肌注0.1%盐酸肾上腺，30分钟后病情不减轻时可重复再注射1次。

(3)最急性反应　与急性反应相似，只是发生快、反应更严重一些。治疗时除使用急性反应的抢救方法外，还应及时静脉注射5%葡萄糖溶液 、维生素C和维生素B，生产实践中我们通常采用冷水淋头，能很快让猪恢复 。

250 猪的疫苗接种方法有哪些？要注意什么？

猪接种的途径有口服、滴鼻、肌肉注射、穴位注射、气管内注射和肺内注射等，每种疫苗均有其最佳的接种途径。

(1)口服法或饮水法　连续注射器连接1～1.5厘米长乳胶管，将乳胶管插入口腔内注射即可，或直接饮用。

(2)肌肉注射　正确的注射部位在耳后靠近较松皮肤皱褶和较紧皮肤交界处耳根基部最高点5～7.5厘米处；如果注射位置太靠后，将增加产品沉积于脂肪中的危险，由于脂肪的血液供应较差，则可致产品吸收缓慢，或由于脂肪“壁脱”于产品，导致免疫应答差；如果注射位置太低，则可能有将疫苗注入腮腺、唾液腺的危险。由此所导致的严重疼痛将影响猪只采食，同时，引起免疫应答差。

(3)穴位注射　通常应用于预防腹泻的疫苗，多采用后海穴注射，能诱导较好免疫反应。如猪流行性腹泻及传染性胃肠炎疫苗。

(4)气管内注射和肺内注射　这两种方法多用在猪喘气病的预防接种。

(5)滴鼻　伪狂犬病疫苗和猪传染性萎缩性鼻炎灭活疫苗等可用于滴鼻接种。

251 什么是超前免疫？超前免疫有效吗？

超前免疫，简称超免，就是仔猪产下后，在完成擦身、断脐、剪牙、称重等一系列接产工作之后，给仔猪注射免疫(如猪瘟弱毒疫苗)，经1小时左右，再让仔猪吸吮初乳。由于超前免疫可以避开母源抗体的干扰，使初生的仔猪迅速获得较高的疫苗抗体，从而阻止仔猪受到该种病毒的感染，因此在许多受到某种传染病威胁的猪场常常采用超前免疫的办法来控制该种疫病，比如猪瘟，一个猪场如果长期受到猪瘟野毒的污染，在正常免疫的前提下已经不能控制和净化猪瘟时，进行超前免疫是净化场内猪瘟的一个好办法，但是超前免疫会受到很多条件的制约，比如最大的一点就是执行人，如果没有一个负责的执行人，不能严格地按照仔猪出生后1小时左右，不让仔猪吃到初乳就进行疫苗的注射，超前免疫的效果就会大打折扣，同时国内专家对超前免疫的认知还有争议，因此超前免疫的应用要根据猪场自己的实际情况来进行安排，不能强求一律。

252 怎样进行疫苗质量检查?

疫苗检查是动物接种前的一道必要程序，只有保证了疫苗的质量，才能确保疫苗发挥预防和控制传染病的作用，达到接种疫苗的目的。检查项目主要如下：

①检查疫苗外包装是否洁净完好，标签是否完整，包括疫苗名称、批准文号、生产批号、出厂日期 、保存期、使用方法以及生产厂家等内容。

②检查瓶盖是否松动.疫苗瓶体是否有裂损。

③油乳剂如遇破乳或超过规定量大分层(水分沁出按规定程度不能超出1/10)则不能使用。

④对于冻干疫苗，在使用前检查是否失空，最简单方法是将装有稀释液的注射器针头通过胶塞(未开启铝帽的)插入疫苗瓶中，稀释液应自动或很容易注入疫苗瓶内。否则，意味着该瓶疫苗已失去真空或真空不够。无真空的疫苗一般不能再使用。

⑤超过保存期的疫苗应废弃。

253 怎样选购疫苗和兽药?

(1)厂家　选择通过GMP标准的正规大厂。

(2)批准文号　有批准文号的，没有的不能选。

(3)生产日期　凡超过及没有注明生产日期的不要购买。

(4)有效期　凡超过保质期及没有注明保质期不要购买。

(5)如何使用和保存　根据需要按照说明书使用，常温或低温保存。

(6)出现哪种情况不能使用　出现破损、无真空、三无产品、过期或无生产保质期、变色、浑浊、沉淀、结块、不均质等弃置不用。

254 影响免疫效果的因素有哪些?

在实际应用中疫苗免疫受多种因素的影响,如疫苗的内在质量、类型以及保存、运输条件、动物的品种、营养、饲养管理、环境、应激、母源抗体,以及免疫程序和免疫抑制因子等。这些因素可通过不同的机制干扰疫苗的免疫效果。

(1)动物本身问题,包括遗传因素和营养状况　动物机体对所接种疫苗的免疫应答在一定程度上是受遗传控制的,不同品种,甚至同一品种不同个体,对同一种疫苗的免疫反应也有强弱的差异。

营养状况是影响疫苗免疫效果不可忽视的因素,维生素、微量元素及氨基酸的缺乏都会使机体的免疫功能下降,维生素 A 缺乏可影响消化道和呼吸道黏膜的完整性,降低局部黏膜免疫;维生素 E 是一种重要的营养性抗氧化剂,主要起稳定细胞膜的作用,其缺乏会增强机体对传染病的易感性;维生素 C 可增强机体的抗应激能力,减轻应激对免疫的负面影响;必需微量元素如铁、锌、锰、铜、硒缺乏时会导致免疫器官萎缩,体液免疫和细胞免疫功能降低。免疫应答中机体需要氨基酸合成免疫球蛋白,因此必须给予机体充足的饲料蛋白,尤其是添加一些必需氨基酸如精氨酸等。

(2)免疫程序　制定科学、合理的免疫程序,才能更好地发挥疫苗的免疫作用,有效地控制传染病的发生。特别在接种容易受母源抗体干扰的疫苗(如猪瘟活疫苗)时,要在明确母源抗体滴度高低的状况下制定免疫方案,尽量避开母源抗体对疫苗的干扰。

(3)传染性因素　蓝耳病、PCV2、猪流感、猪瘟等免疫抑制性疾病感染。

(4)药物因素

①氨基糖苷类抗生素。大剂量的链霉素有抑制淋巴细胞转化的作用,庆大霉素和卡那霉素对 T、B 淋巴细胞的转化有明显的抑制作用。饲料中长期添加氨基糖苷类抗生素会削弱家禽免疫抗体的产生。

②四环素类抗生素。T 淋巴细胞是土霉素的靶细胞,因此应避免长期在饲料中使用土霉素。

③糖皮质类激素。糖皮质激素有明显的免疫抑制作用,地塞米松可引起淋巴细胞死亡,减少淋巴细胞的产生。

(5)有毒物质的影响

①真菌毒素中毒。霉菌毒素如黄曲霉素和赭曲霉毒素 A 等不仅对免疫系统有损害,使胸腺、脾脏萎缩,导致机体免疫抑制;还可抑制 IgG、IgA 的合成,影响抗体产生,增加猪群对猪瘟、猪伪狂犬病、猪呼吸和繁殖障碍综合征等传染病的敏感

性且死亡率增高。

②重金属元素。如镉、铅、汞、砷等可增加机体对病毒和细菌的易感性。

(6)应激反应　过冷、过热、拥挤、混群、断奶、限饲、运输、噪声和约束等应激因素均可影响其免疫功能。

255 猪群免疫失败的主要原因是什么?

(1)疫苗原因　疫苗的血清型或亚型与流行的病原体不符合;或者使用含强毒或效价低的不合格疫苗。

(2)非疫苗原因

①宿主方面。使用疫苗时处于潜伏期或免疫阴性期强毒感染;宿主不能产生正常免疫应答;母源抗体或其他被动免疫对主动免疫的干扰;各种原因的免疫抑制现象。

②疫苗使用不当。免疫剂量不够,动物得不到足够的疫苗;活疫苗在使用过程中部分或全部失活。

256 什么是紧急接种? 怎样进行紧急接种?

紧急接种:紧急接种是在发生传染病时,为了迅速控制和扑灭疫病的流行,而对疫区和受威胁区尚未发病的猪群进行的应急性免疫接种。从理论上说,紧急接种以使用免疫血清较为安全有效。但因血清用量大,价格高,免疫期短,且在大批猪只接种时往往供不应求,因此在实践中很少使用。实践证明,在疫区内使用某些疫(菌)苗进行紧急接种是切实可行的。例如在发生猪瘟、口蹄疫等急性传染病时,已广泛应用疫苗作紧急接种,有较好的效果。

在疫区应用疫苗作紧急接种时,必须对所有受到传染威胁的猪逐头进行详细观察和检查,仅能对正常无病的猪以疫苗进行紧急接种。对病猪及可能已受感染的潜伏期病猪,必须在严格消毒的情况下立即隔离,不能再接种疫苗。由于在外表正常无病的猪中可能混有一部分潜伏期病猪,这一部分病猪在接种疫苗后不能获得保护,反而促使它更快发病,因此在紧急接种后一段时间内猪群中发病反有增多的可能,但由于这些急性传染病的潜伏期较短,而疫苗接种后又很快就能产生抵抗力,因此发病率不久即可下降,从而使流行很快停息。

紧急接种是在疫区及周围的受威胁区进行,受威胁区的大小视疫病的性质而定。某些流行性强的传染病如口蹄疫等,则在疫区周围 5～10 千米以上。这种紧急接种，其目的是建立“免疫带”以包围疫区，就地扑灭疫情，但这一措施必须与疫区的封锁、隔离、消毒等综合措施相配合才能取得较好的效果。

257 什么是猪群的全进全出？

所谓“全进全出”，是同一批次猪同时进出同一猪舍单元的饲养管理制度。

“全进全出”饲养工艺需要强调的是：同一批猪同时转进或转出，中途可以淘汰，但绝对不能交叉，也不能有一头停留；再一个就是要求定时，每周转群必须确定到每周的那一天，上午或下午都要确定，且原则上不变，定时转栏。“全进全出”不但是现代化养猪的饲养工艺，也是必须遵循的一个原则。

“全进全出”饲养工艺的优点：

①是生猪规模场疫病控制的有效手段。

②有效地提高劳动生产效率。

③有效地提高养猪生产水平。

④有效地提高养猪经济效益。

⑤有效地提高猪场产品的规格、质量。

258 猪瘟的表现有哪些？如何进行猪瘟的免疫？

猪瘟是有猪瘟病毒引起的一种热性烈性接触性传染病，其发病特征主要表现为：

(1)最急性型　多见于流行初期，突然发病，高热稽留，皮肤和黏膜发绀，有出血斑点(图 6-11 和图 6-12)，经 1～8 天死亡。

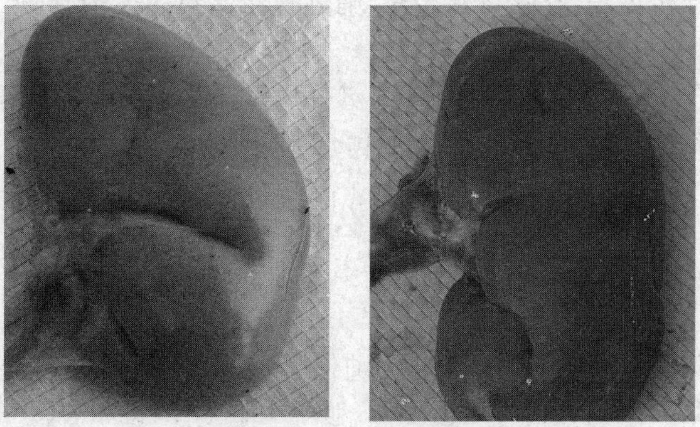

图 6-11　猪瘟的肾脏

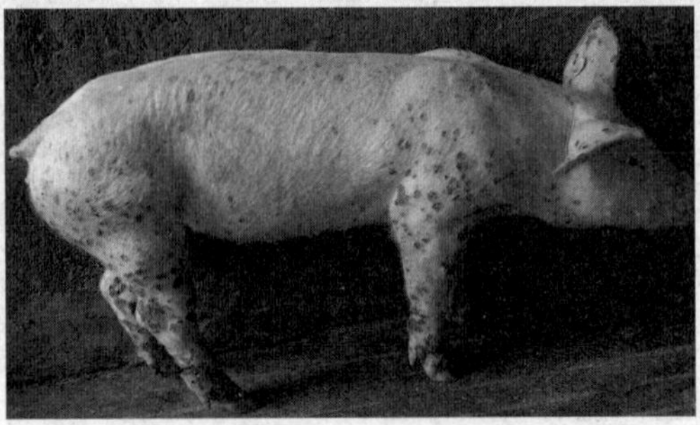

图 6-12 猪瘟病猪

(2)急性型　病猪体温达 41℃持续不退，眼结膜发炎，眼睑浮肿、分泌物增加，在下腹部、耳根、四蹄、嘴唇、外阴等处可见到紫红色斑点。病初排粪困难，不久出现腹泻，粪便呈灰黄色。公猪包皮内积有尿液，用手挤压后流出浑浊灰白色恶臭液体。哺乳仔猪主要表现神经症状，如磨牙、痉挛、角弓反张或倒地抽搐，最终死亡。

(3)慢性型　主要表现消瘦，贫血，全身衰弱，常伏卧，步态缓慢无力，食欲不振，便秘和腹泻交替。有的病猪在耳端、尾尖及四肢皮肤上有紫斑或坏死痂。病程一个月以上。不死亡者长期发育不良成为僵猪。妊娠母猪感染后，可能将病毒通过胎盘传给胎儿，造成流产，产死胎或产出弱小的仔猪或断奶后出现腹泻。

(4)温和型　病情发展缓慢，病猪体温一般在 40～41℃，皮肤常无出血小点，但在腹下部多见瘀血和坏死。有时可见耳部及尾巴皮肤坏死，俗称干耳朵、干尾巴。病程长达 2～3 个月。

①免疫程序 1。超前免疫，仔猪分娩后未吃初乳前进行猪瘟疫苗接种，1～2 小时后再进行哺乳，60～65 日龄进行第二次免疫接种。后备种猪在配种前做第三次免疫。在猪瘟强毒污染场，存在母猪带毒、哺乳仔猪猪瘟多发的猪场可采用该免疫程序。

②免疫程序 2。仔猪在 20 日龄左右进行猪瘟疫苗的第一次免疫接种，60～65 日龄进行第二次免疫接种。后备种猪在配种前做第三次免疫。

259 非典型猪瘟有些什么表现？病因是什么？如何防治？

病猪表现为持续高热、后肢无力、运动失调、呕吐、先便秘后下痢等症状。非典型猪瘟感染母猪后主要表现为繁殖障碍，如产死胎、木乃伊胎、死产和产弱仔。新生仔猪先天性感染后主要表现为四肢瘫痪、运动失调等神经症状。主要病理变化与典型猪瘟接近，但较为轻微，难得见到典型扣状溃疡的病变。

发病原因：

①未及时淘汰的繁殖障碍母猪与仔猪带毒、排毒。

②母源抗体的干扰。在实施免疫接种前要考虑母源抗体的滴度，同时还要注意母源抗体的整齐度。

③母猪和仔猪未接种猪瘟疫苗。

④疫苗质量不佳和疫苗接种操作不当。

⑤免疫程序不合理。

⑥疫苗免疫剂量不足。

⑦免疫抑制的影响，有的药物也会造成免疫抑制。

⑧误诊造成非典型猪瘟蔓延。

防控和净化措施：

①加强饲养管理，健全卫生防疫制度，应加强消毒灭源及饲料和排泄物的管理，提供营养全面的饲料，实施封闭管理分群饲养，同时要倡导良好的防疫观念。

②加强猪瘟诊断，开展免疫检测，检出和淘汰亚临床感染猪。建立免疫监测和检疫制度。

③制定科学合理的免疫程序，提高免疫密度。

④保证疫苗质量，从大厂家或正规渠道购买疫苗，避免在保存.运输和使用过程中出现影响疫苗效价的因素，疫苗稀释后在3小时内用完。规范免疫操作，严格执行“一头一针”。

⑤控制与净化伪狂犬病、猪蓝耳病等。

⑥使用猪瘟疫苗前后一段时间内，不应使用链霉素、新霉素、卡那霉素、四环素、糖皮质激素等药物，更不能使用抗病毒药物，以免影响免疫效果。

⑦猪群一旦发生非典型猪瘟，可进行紧急免疫接种，一般采用猪瘟活疫苗（细胞源）20头份/头，最好采用猪瘟兔源脾淋疫苗2头份/头全群注射。

260 接种了猪瘟疫苗仍然发生猪瘟，为什么？

①猪瘟母猪带毒，带毒母猪通过垂直传播和水平传播造成猪瘟的持续感染。

②疫苗本身质量和使用方法不当。

③猪瘟的免疫剂量值不足。

④免疫抑制普遍存在是造成猪瘟疫苗免疫效果差最主要原因。免疫抑制问题，造成免疫抑制的主要原因概括有三：一是营养，二是药物，三是疾病。

⑤免疫麻痹。

261 如何防控猪高致病性蓝耳病?

猪蓝耳病(PRRSV)又称猪的繁殖与呼吸综合征(PRRS),是由动脉炎病毒科中的猪繁殖与呼吸综合征病毒引起的,是一种高度接触性传染病,呈地方流行性。以繁殖障碍、呼吸困难、耳朵蓝紫、并发其他传染病为主要特征(图6-13)。近年来,蓝耳病在我国出现了基因变异,导致了高致病性猪蓝耳病。

控制措施:

①坚持自繁自养的原则,建立稳定的种猪群,不轻易引种。如必须引种,应进行血清学检测,阴性猪方引入。引入后必须建立适当的隔离区,做好监测工作,一般需隔离检疫4~5周,健康者方可混群饲养。

②规模化猪场要彻底实现全进全出,至少要做到产房和保育两个阶段的全进全出。

③建立健全规模化猪场的生物安全体系,定期对猪舍和环境进行消毒,保持猪舍、饲养管理用具及环境的清洁卫生,做好猪群饲养管理。

④做好其他疫病的免疫接种,控制好其他疫病,特别是猪瘟、猪伪狂犬和猪气喘病的控制。定期对猪群中猪繁殖与呼吸综合征病毒的感染状况进行监测,每季度监测一次。

⑤对发病猪场要严密封锁;对发病猪场周围的猪场也要采取一定的措施,避免疾病扩散,对流产的胎衣、死胎及死猪都做好无害处理,产房彻底消毒;隔离病猪,对症治疗,改善饲喂条件等。在感染猪场,可以考虑给母猪接种灭活疫苗。

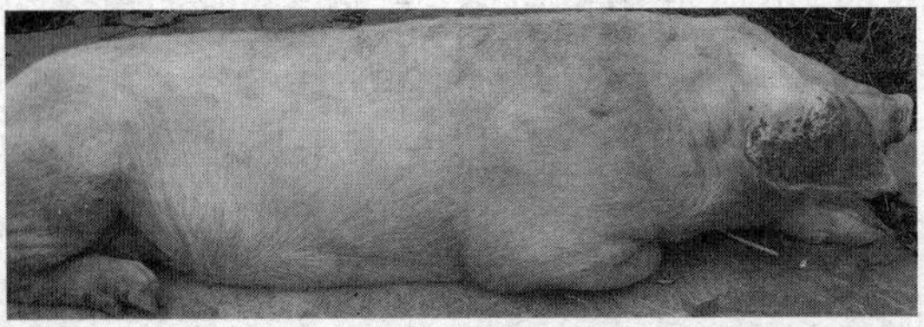

图6-13 蓝耳病猪和蓝耳肺脏明显间质增宽

262 如何净化猪伪狂犬病?

疫苗免疫接种是预防和控制伪狂犬病的根本措施,以净化猪群为主要手段,首先从种猪群净化,实行“小产房”“小保育”“低密度”“分阶段饲养 ”的饲养模式。加强猪群的日常管理。

免疫接种：

①后备猪应在配种前实施至少2次伪狂犬疫苗的免疫接种，2次均可使用基因缺失弱毒苗。

②经产母猪应根据本场感染程度在怀孕后期(产前20～40天或配种后75～95天)实行1～2次免疫。母猪免疫使用灭活苗或基因缺失弱毒苗均可，2次免疫中至少有1次使用基因缺失弱毒苗，产前20～40天实行2次免疫的妊娠母猪，第一次使用基因缺失弱毒苗，第二次使用蜂胶灭活苗较为稳妥。

③哺乳仔猪免疫根据本场猪群感染情况而定。本场未发生过或周围也未发生过伪狂犬疫情的猪群，可在30天以后免疫1头份灭活苗；若本场或周围发生过疫情的猪群应在19日龄或23～25日龄接种基因缺失弱毒苗1头份；频繁发生的猪群应在仔猪3日龄用基因缺失弱毒苗滴鼻。

④疫区或疫情严重的猪场：保育和育肥猪群应在首免3周后加强免疫1次。

猪场净化技术要点：

①保证各个阶段猪只的合理营养供给。

②做好清洁、消毒工作。及时清理粪便，避免产生过多有害气体污染环境。

③做好密度、通风、冬天保温及夏天降温管理。夏天母猪舍和公猪舍都采取水帘式降温和排风扇抽风抽湿的方法，让猪只处于舒适的环境。

④全进全出及同日龄阶段饲养。全进全出在疾病控制上起着很重要的作用，所以我们要求全进全出一定要彻底，包括猪、工作人员、工具等。

⑤每个环节设一个专用的病猪隔离场所，及时把病猪(图6-14)隔离出来，这无论是对病猪的病情控制和对未感染猪群都是很好的。

图6-14　伪狂犬病猪角弓反张

⑥消灭可能的传播媒介。猪场严格禁止饲养犬、猫及家禽，杜绝犬、猫、鸡及其他鸟类进入猪场，定期进行场内灭鼠、灭蝇工作。

⑦对全场种猪（含公母种猪及后备猪群）进行临床观察及生产繁殖性能的调查。

⑧合理地使用疫苗，并根据抗体水平决定免疫程序。

263 怎么进行猪口蹄疫免疫？

近年来猪口蹄疫（图 6-15、图 6-16）频发，范围广，变异株和经典株混感，影响严重，但是疫苗免疫仍然是防控口蹄疫的主要措施。

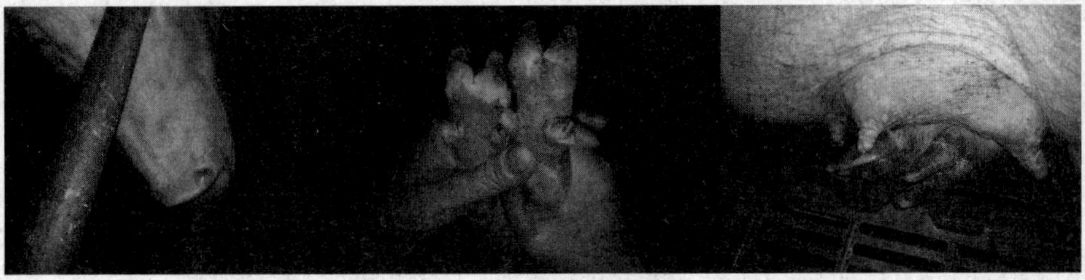

图 6-15 口蹄疫症状

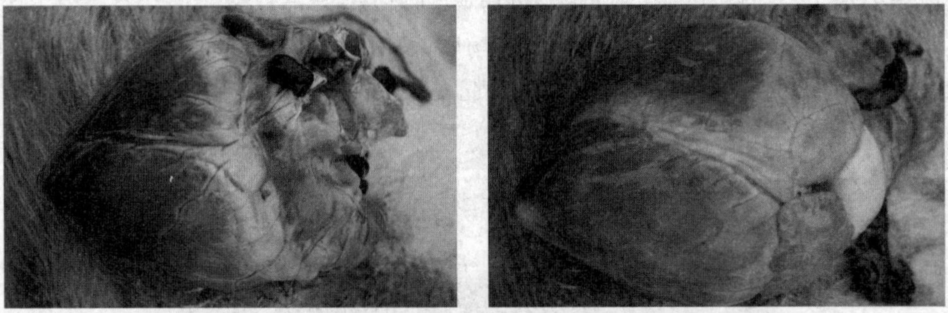

图 6-16 口蹄疫症状——虎斑心

（1）母猪免疫 猪场母猪每年免疫接种口蹄疫疫苗 3 次，即每隔 4 个月免疫接种 1 次，每次 3～5 毫升。

（2）仔猪免疫 仔猪出生后，口蹄疫疫苗应进行 3 次免疫，分别在 30 日龄、60 日龄、90 日龄各免疫 1 次。仔猪免疫除加强免疫接种外，对免疫剂量一定要加强管理，避免由于剂量不足或注射后疫苗溢出等情况，造成免疫失败或免疫效果降低的结果。

(3)紧急免疫　当猪场发生疫情或周边环境出现口蹄疫疫情严重威胁到猪场安全的情况下,应采取紧急免疫程序。

免疫程序(未曾免疫过疫苗的猪群)如下:全场各年龄段猪群紧急接种口蹄疫高效苗,25 千克体重以上的猪耳后肌肉注射 3 毫升/头,25 千克以下的猪耳后肌肉注射 2 毫升/头。先接种健康猪群,后接种可疑猪舍内的猪群。第一次接种后间隔 15 天,各年龄段猪群加强免疫(第二次接种),接种剂量与第一次相同或增加 1 毫升/头。必要时可改肌肉注射为交巢穴注射,以提高注苗效果。

264 口蹄疫有些什么防治措施?

猪场口蹄疫病的防制应通过封闭猪场、消毒、免疫等综合性的生物安全措施来实施。

①实施有效的生物安全措施,封闭猪场,杜绝外界传染源的传入。坚持自繁自养为主,减少疫病传入。

②猪场大门必须设立消毒池、消毒通道,配备更衣消毒间.高压冲洗消毒设备,业务来往的车辆、人员必须经消毒后才能进入猪场生活管理区(冬春季节应严格限制人员进入),严禁任何外来人员、车辆、用具、牲畜产品进入猪场生产区。

③强化消毒,切断传播途径和消灭传染源,可使用复合醛类、碘制剂、氯制剂、过氧化物等消毒剂对栏舍、猪群、环境消毒。

④加强饲养管理和免疫接种,建立高免猪群　充分重视猪群的饲养管理工作,冬季注意防寒、夏季注意降温,降低饲养密度,转栏时注意饲料过渡并适当喂给多种维生素等抗应激药物,提高猪群健康水平,增强抵抗疫病的能力。各场应根据猪群抗体水平的监测结果,制定符合本场实际的免疫程序。适当使用免疫增强剂,提高猪群抵抗力。

265 如何防治猪传染性胃肠炎?

猪传染性胃肠炎是由冠状病毒引起的一种急性高度接触性传染病(图 6-17),每年冬春季节给猪场带来很大的损失,传染性强,一般三天全场猪只感染发病,以拉水样稀粪、呕吐、厌食为主,对中大猪影响轻微,未断奶和断奶一段时间的仔猪死亡率很高。

①不从疫区或发病猪场引种,坚持自繁自养,以免传入该病。

②免疫接种,在冬春季节应对保育期仔猪进行免疫接种。

③猪群发病,应立即封锁,固定人员饲养,对病猪停食或减食,饮水中添加适量

收敛作用较好的消毒药(高锰酸钾.复合酚等),加强栏舍卫生消毒工作。

④仔猪发病,要防止脱水,减轻酸中毒,维持体内酸碱平衡,改善体液循环,缓解症状和注射抗生素防止继发感染,补足适量的电解质溶液是降低死亡率的关键。

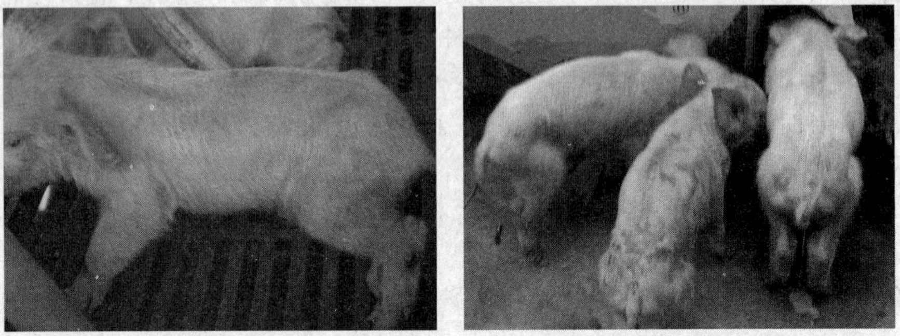

图 6-17 传染性胃肠炎病猪

⑤遵循“全进全出”的操作原则,避免不同年龄的猪,因为免疫程度及保护力差异而发病。

⑥加强饲养管理和消毒工作,临产母猪转入分娩舍前,应用温水擦洗干净并进行彻底消毒。初生仔猪应尽早吃足初乳。各阶段的栏舍应坚持“空栏消毒,间隔一周”的原则。

⑦在本病流行的猪场,可用病猪粪便或小肠捣碎后,给产前一月左右的母猪采食,刺激母猪产生母源抗体,通过初乳使新生仔猪获得免疫。

266 如何防治猪流行性腹泻?

猪流行性腹泻是由一种类冠状病毒引起的一种急性高度接触性传染病(图 6-18),每年冬春季节给猪场带来很大的损失,传染性极强,一般三天全场猪只感染发病,以拉水样黄色稀粪、呕吐、厌食为主,对中大猪影响轻微,未断奶和断奶一段时间的仔猪死亡率很高。近年来我国和世界一些国家出现了一种变异的流行性腹泻病毒,死亡率很高,有的场仔猪死亡率可达 100%,给养猪生产带来了极大的损失。

①当猪群中有猪只发病时,应立即隔离病猪,以消毒药对猪舍、环境、用具、运输工具等进行彻底消毒,尚未发病的猪立即转移到安全的地方进行隔离饲养。

②康复母猪或人工感染发病的母猪,其初乳中抗体滴度很高,可使仔猪获得保护。可用康复猪抗凝全血每天注射 10 毫升,连续 3 天,可起到一定的预防和治疗

作用。

③对感染过本病的尚有些免疫力的母猪，在临产前1周，进行加强免疫，能保护仔猪安全度过易感期。

④对失水过多的病猪，静脉注射葡萄糖盐水，林格氏液。

⑤在本病流行地区可对怀孕母猪在分娩前2周，以病猪粪便或小肠内容物进行人工感染，刺激其产生乳源抗体，以缩短本病在猪场中的流行。

⑥本病应用抗生素治疗无效。

⑦加强护理，做好防寒保温工作。

⑧注意不从疫区或病猪场引进猪只，以免传入本病。

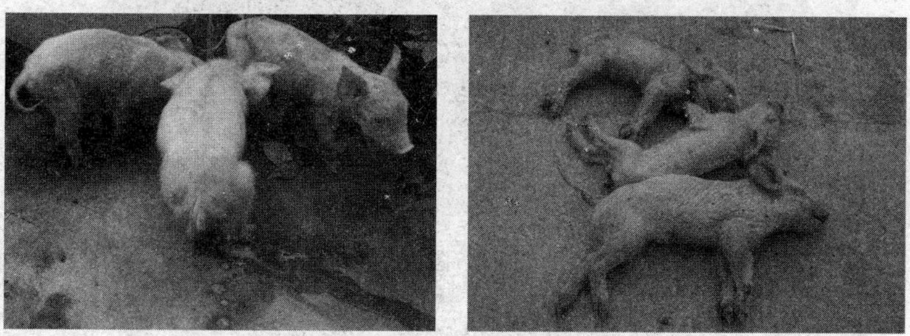

图 6-18　流行性腹泻猪及脱水死亡猪

267　如何防治猪圆环病毒Ⅱ型？

猪圆环病毒病是又圆环病毒引起的一种疾病(图 6-19)，有2个血清型，猪圆环病毒Ⅰ型和猪圆环病毒Ⅱ型，猪圆环病毒Ⅰ型为非致病性病毒，猪圆环病毒Ⅱ型为致病性病毒，主要引起断奶仔猪多系统衰竭综合征(PMWS)，还有肾性皮炎(PDNS)、增生性坏死性肺炎(PNP)、猪呼吸道综合征(PRDC)、繁殖障碍、先天性震颤、肠炎等，致死率在10%～30%，严重猪场死淘率可达40%左右，给猪场造成很大的经济损失。本病对保育阶段的仔猪影响是最大的，我们猪圆环病毒Ⅱ型的防治一般采取综合防治措施，加强卫生管理，采取定点隔离饲养，仔猪注意保温，降低饲养密度，以及淘汰 PMWS 血清阳性猪，依据猪群血清学检验结果，有计划地做好有关疫病的免疫接种。在防治方面采取相应的疫苗进行免疫接种，目前疫苗注射是对临产前一个月的母猪肌肉注射2头份猪圆环病毒Ⅱ型疫苗，然后仔猪出生后18天肌肉注射1头份猪圆环病毒Ⅱ型疫苗，效果显著，还可以应用药物预防，控制细菌性的混合感染或继发感染，可以减轻本病的发生。

治疗方法：

①血清疗法。采集健康淘汰猪或肥育猪的血液分离血清，给本场断奶期仔猪皮下或肌肉注射，也可作腹腔注射。

②采集一些感染猪的粪便，或死胎的胃肠切碎后，分别饲喂初产母猪或经产母猪，在配种前后均可试用，限于疫场内试用。

图 6-19　圆环病猪

268　猪流感有些什么表现？如何预防？

猪流感是由猪流感病毒引起的一种高度接触性传染病(图 6-20)，主要表现上呼吸道感染症状，传染性很高，几乎一夜之间全群感染，气候变化或环境恶劣时多发。

临床症状：本病在潜伏期 1～3 天后突发，临床症状表现为食欲不振或废绝、反应迟钝、衰竭，个别猪只身体发红，迫使行走会出现张口呼吸，伴发严重的阵发性咳嗽，其声音似尖叫，体温可达 40.5～42℃，出现结膜炎、卡他性鼻炎、喷嚏、大便干结、小便发赤。由于长时间厌食，病猪体重明显下降，虚弱甚至昏迷死亡。如果没有发生并发感染，一般 5～7 天开始恢复。

预防措施：

防止易感猪与感染动物接触，特别是禽类接触的一些措施，此外避免疑似流感病毒感染的人员与猪接触，在流感危害严重的地区，可以进行疫苗接种，育肥猪在 10 周龄之前要免疫接种，以避免母源抗体的干扰。

保证猪群圈舍内卫生，尽量做到清洁、干燥、通风良好，尤其是在冬季圈舍内的环境控制，要处理好通风和保温的矛盾，潮湿寒冷的环境下要做好防寒保暖的工作。

在疫病多发季节，加强圈舍内的卫生消毒工作，可以使用过氧乙酸，对圈舍、饲槽、工具、水源、人员等消毒，可以有效预防。

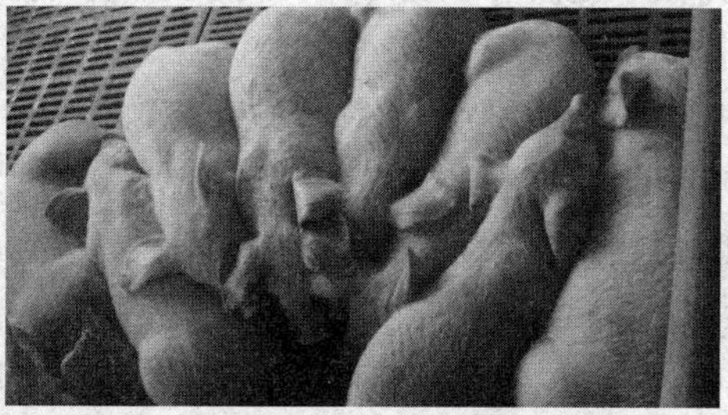

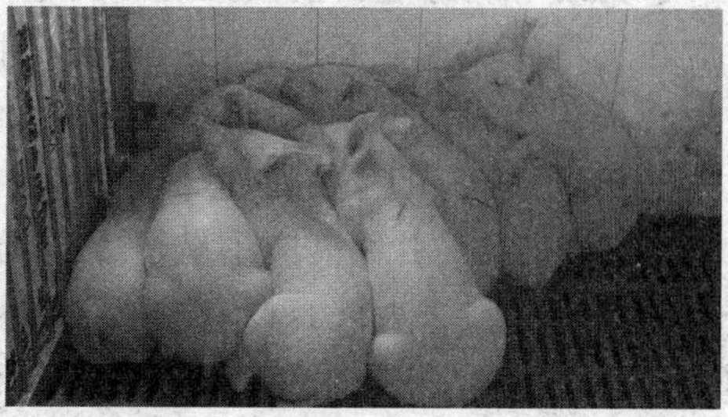

图 6-20 流感病猪

269 如何防治猪乙脑？

猪乙脑是由日本乙型脑炎病毒引起的一种虫媒性传染性疾病。多在每年蚊虫滋生的季节发生，地方性流行，感染率高，发病率低，主要是母猪的流产、死胎或产弱仔，关节肿大、跛行、后肢麻痹，种公猪睾丸炎，康复后一侧睾丸大，一侧睾丸小（图 6-21）。

图 6-21 乙脑引起的睾丸一大一小

（1）加强饲养管理 做好日常饲养管理，尤其是管理好没有经过乙脑流行季节的幼龄动物和从非疫区引进的动物。应在乙脑流行前完成疫苗接种，并在流行期间尽量杜绝蚊虫叮咬。

（2）阻断传播媒介 防蚊灭蚊是防制乙脑的重要措施。运用高效化学药物杀灭蚊虫；搞好环境卫生、清理卫生死角、疏通沟渠、防止积水，同时对积水处和污水撒放药剂，减少蚊虫的滋生；化学农药时必须采取停用、轮用和混用等措施。

（3）免疫防制 根据具体情况接种疫苗，乙脑疫苗主要有三类：灭活疫苗、弱毒活疫苗和基因工程疫苗。

270 如何防治猪细小病毒病？

猪的细小病毒病是由猪的细小病毒引起的一种繁殖障碍性疾病，猪是唯一的易感动物，发病后主要导致母猪流产、死胎和木乃伊胎，主要对初产的母猪影响极大(图 6-22)。

①猪细小病毒病目前尚无有效的治疗方法，有流产、死胎及产木乃伊临床表现时应在饲料或饮水中添加广谱抗菌类药物控制“产后”感染。

②强化生物安全体系建设。环境条件、硬件设施要满足猪生长、繁殖的要求，卫生、消毒、隔离、无害化处理等疫病防控制度不但要健全更重要的是落实。

③引种控制，引种前应了解被引进场猪群是否有猪细小病毒感染，怀孕母猪是否有繁殖障碍临床表现，母猪群是否做过疫苗预防接种，不能单纯以引进种(母)猪PPV 血清抗体检测阴性为标准，引进的种(母)猪应先饲养在隔离场(舍、圈)。引回一周内接种一次疫苗，配种前半个月再强化免疫 1 次。

④预防接种。

种公猪：一年两次接种。

新引进种(母猪)：入场 1 周内接种，母猪配种前半个月加强免疫 1 次。

后备母猪：配种前半月间隔 2 周免疫 2 次。

经产母猪：配种前免疫 1 次。

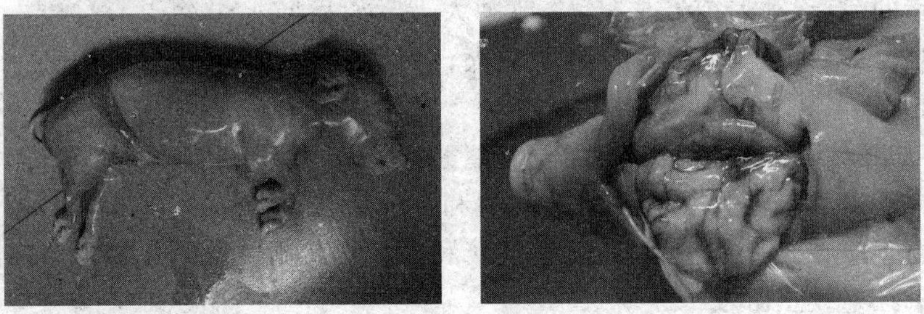

图 6-22　因细小病毒病流产的胎儿和脑膜充血水肿

271　猪痘怎样诊断？

本病是由猪痘病毒引起的，主要根据流行病学及临诊症状进行诊断。在同一时期内，较多的仔猪先后发病，在发病猪群中，常可见到猪体皮肤上有明显的痘疹变化，根据这些症状就可以确诊(图 6-23)。

组织学检查：取有病变的皮肤，做成组织切片，可见表皮棘细胞中，有典型的胞浆内包涵体。

病毒分离：取患病初期病料做成混悬液，离心后取上清液，加入适量抗生素处理后，然后接种在猪同源和异源细胞培养；猪痘病毒只能在同源细胞中经多代盲传继代适应后，才能产生明显的细胞致病作用，细胞病变包括核空泡化，形成嗜酸性胞浆内包涵体，胞浆收缩成线状，最后细胞死亡。而痘苗病毒在同源和异源细胞培养中，在第一代接种时，便可增殖，并产生明显的细胞致病作用。

将经过处理的病料，接种鸡胚时，猪痘病毒不能在鸡胚中继代。痘苗病毒能在鸡胚绒毛尿囊膜上增殖，形成直径达3～4毫米的痘斑，中心坏死。

动物接种：用鸡和家兔皮肤感染试验，痘苗病毒在接种处可产生典型的痘疹；而猪痘病毒则不能，因其不感染鸡和家兔。

将乳猪的耳部和股内侧皮肤划破，涂擦上述病料，如出现痘疹即可确诊。

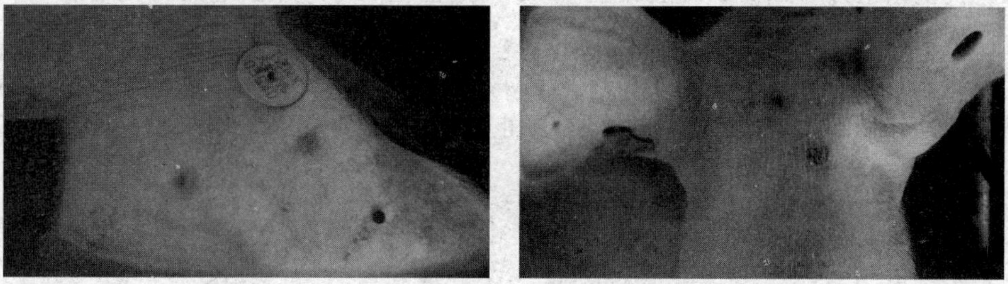

图6-23 猪痘疹

272 仔猪黄白痢如何治疗？

仔猪黄白痢是由猪的大肠杆菌引起的一类以消化道症状为主的疾病（图6-24），多发生在断奶前后的仔猪，仔猪表现拉黄白或灰白色稀便，气候变化或猪舍环境差的猪舍多见。

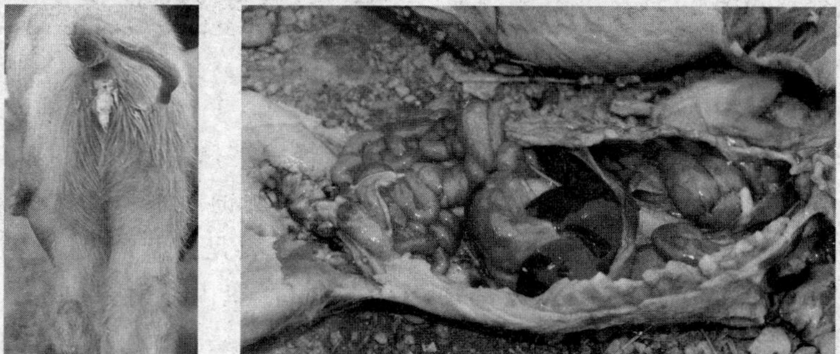

图6-24 仔猪黄白痢病猪和剖检

①强化饲养管理，搞好环境卫生，猪舍饲养密度不宜过高，注意防寒保暖，采取自繁自养，全进全出的饲养模式，完善病猪的隔离制度。

②免疫接种。免疫接种可明显降低仔猪黄白痢的发病比例和死亡率。用仔猪大肠杆菌三价苗在母猪产前15～20天肌肉注射2头份，能够有效防止仔猪黄白痢的发生。

③药物治疗。

微生态制剂：具有维持生态平衡，增强机体免疫力，合成多种消化酶和营养物质的独特功效。用调痢生、促菌生等微生态制剂内服。

抗生素治疗，用长效沙星，配合6542针剂注射，1日2次，连用3天，治疗仔猪黄白痢效果极好。

防脱水，在发病期间，饮水中添加0.1%高锰酸钾，再放入少量食盐，可起到治疗的辅助作用，同时也补充了电解质，防止脱水虚脱。

273 仔猪副伤寒如何治疗？

仔猪副伤寒是由猪伤寒沙门氏菌和霍乱沙门氏菌引起的一种细菌性传染病，主要是断奶的仔猪拉带血或脓性的稀便，如治疗不及时可成为僵猪（图6-25）。

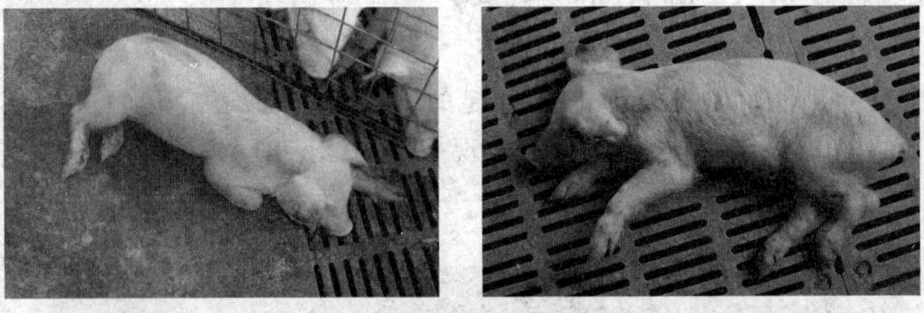

图6-25 仔猪副伤寒病猪

对发病猪只应尽早地给予治疗，治疗时可选择一些敏感抗菌药物，如氟哌酸、恩诺沙星、氯霉素等。与发病猪同圈、同舍的猪群采用饲料中添加抗生素预防，对于慢性病猪及时予以淘汰。病猪应及时隔离治疗，主要是抗菌消炎、止泻补液等。

①阿米卡星注射液，每次20万～40万国际单位，肌内注射，每口2～3次。大蒜20克，捣汁后一次灌服，每日1次，连用2～3次。

②1%盐酸多西环素注射液，3～10毫升/次肌内注射，按每千克体重0.3～0.5毫克。每日1次，连用3～5天。盐酸土霉素0.6～2克，分2～3次喂服，按每千克

体重 60～100 毫克用药。

③对发病仔猪也可选用中药治疗，中药方剂为：败酱草 40 克，薏苡仁 30 克，金银花 20 克，丹参、苦参、土茯苓各 18 克，地丁 15 克，丹皮 10 克，广木香 6 克，煎水给仔猪内服，每天早晚各内服一次，连续内服 3～5 天。

274 猪水肿病如何治疗？

猪水肿病（图 6-26）是由大肠杆菌毒素引起的，病程较长并出现典型临床症状如眼睑水肿。运动失调时，单独使用抗生素，治愈率较低。

①强心利尿，降低颅内压，缓解神经症状和组织水肿，清理细菌内毒素。口服硫酸钠 15 克，肌肉注射速尿 10 毫升，每日 1～2 次，连用 3～5 天；有条件场（户）可使用 10%氯化钙 5 毫升、50%葡萄糖 50 毫升、25%甘露醇 30 毫升和维生素 C 注射液 4 毫升静脉注射，每日 1 次，连用 2～3 天。

②抗菌消炎。抗大肠杆菌药物：2%甲磺酸培氟沙星注射液（水肿灵）或者 2%左旋氧氟沙星注射液 0.1～0.2 毫升/千克体重、头孢曲松钠或者头孢噻肟钠10～15 毫克/千克或者 5%氟苯尼考注射液 0.1～0.2 毫升/千克体重，与 5%长效磺胺注射液 0.1～0.2 毫升/千克联合使用，每日 1～2 次，连用 3～5 天。在抗致病性大肠杆菌的同时，亦可治疗链球菌混合感染引起的脑炎等神经症状。

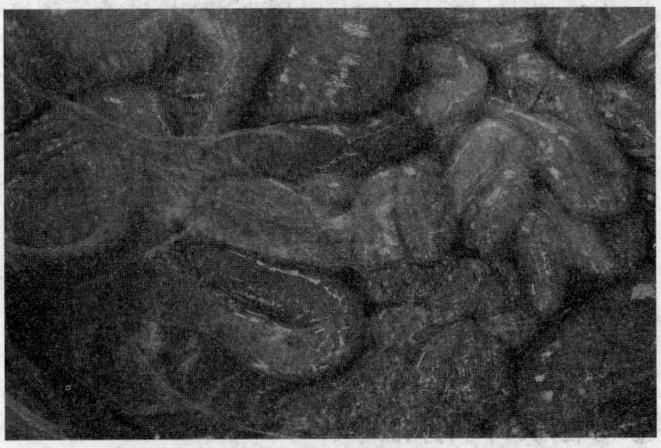

图 6-26　猪水肿病的肠和肠系膜水肿

275 怎么防治猪梭菌性肠炎？

猪梭菌性肠炎是由C型魏氏梭菌引起的一种消化道传染病，主要是仔猪发病后出现血便（图6-27）。

治疗：该病发病急、病程短，一旦出现临诊症状，用抗菌药物治疗效果较差。在早期可用青、链霉素10万国际单位/千克体重口服，对急性和亚急性病例有良好的治疗作用。

预防：

（1）免疫预防　该病流行的猪场，给母猪注射C型魏氏梭菌类毒素2次，可产生足够的初乳抗体，保护仔猪免于发病。在怀孕中期进行一免（即第一次免疫），于产前2～3周进行二免（即第二次免疫）。以后在每次怀孕时于产前2～3周进行加强免疫。

（2）药物预防　没有进行C型魏氏梭菌类毒素免疫注射的猪群，一旦仔猪发生本病，对所产的仔猪，可用青、链霉素进行预防。初生仔猪产后未哺乳前，用青、链霉素各10万国际单位/千克体重，灌服，能有效预防本病的发生。

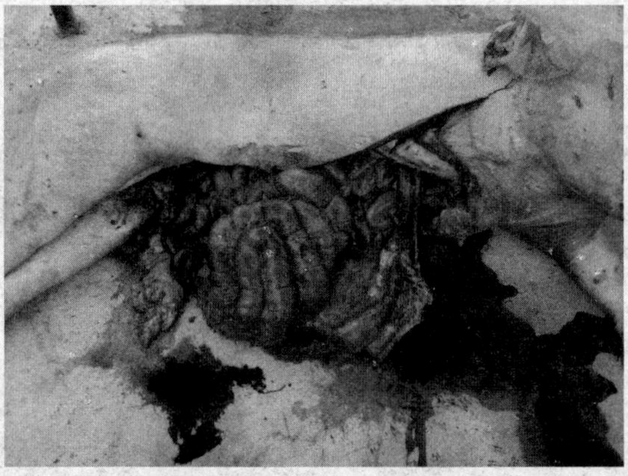

图6-27　梭菌性肠炎死猪肠管出血

276 猪链球菌如何防治？

猪链球菌病是由猪链球菌引起的一种败血性疾病（图6-28），主要表现脑炎等神经症状，关节肿大、心内膜炎和组织化脓性炎症。

治疗原则：首先选择对猪链球菌敏感的抗菌药物。可通过药敏试验，筛选敏感抗菌药。青霉素、阿莫西林、氨苄西林对猪链球菌敏感。同时，可按不同病型进行对症治疗。淋巴结脓肿型，待脓肿成熟后，及时切开，排除脓汁，用3%双氧水或0.1%高锰酸钾液冲洗后，涂以碘酊。对败血症型及脑膜脑炎型，应早期大剂量使用抗生素或磺胺类药物。青霉素和地塞米松，庆大霉素和青霉素等联合应用都有良好效果。

预防措施

(1)做好消毒　清除传染源病猪隔离治疗，带菌母猪尽可能淘汰。污染的用具和环境用3%来苏儿等消毒液彻底消毒。保持环境卫生。做好菌苗预防接种，预防用疫苗最好选择相同血清型菌苗。菌苗最好用弱毒活菌苗。

(2)生猪饲养人员和屠宰加工人员是本病易感人群　在生猪养殖过程中，饲养人员要多注意个人防护，有外伤时应尽量避免接触病猪，发现病猪要及时通知兽医诊疗。屠宰加工人员在屠宰生猪时，应防止个人受伤。一旦受伤应立即处理伤口，经清洗消毒后，使用抗生素预防治疗。注意不食用病死猪，购买的猪肉在分割时，应使用生熟分开案板，并充分煮熟后食用。

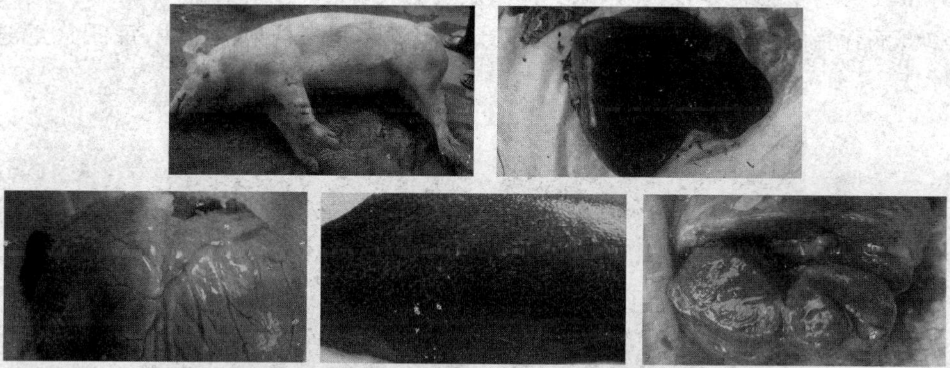

图6-28　链球菌死猪，实质器官都有出血

277 副猪嗜血杆菌病怎么诊疗？

副猪嗜血杆菌病又称多发性纤维素性浆膜炎和关节炎（图6-29），是由副猪嗜血杆菌引起的，这是一种条件性致病菌或者说是一种继发性疾病，多见于蓝耳病的猪场，使用过高致病蓝耳病疫苗的猪场情况更为严重。

诊断：根据病猪发病情况、临床症状、剖解病变，可初步诊断。但确诊需无菌采取症状典型且未用抗生素治疗的病死仔猪心血、肝脏、淋巴结等病变组织，送实验室进一步诊断。

治疗措施：

①加强对发病仔猪群的观察，及时发现、隔离和治疗病猪，果断淘汰无治疗价值病猪，病死猪采取无害化处理措施。

②彻底清理病死猪猪舍，用火焰喷灯消毒猪圈地面和墙壁，再用 2%火碱彻底喷雾消毒，每天早晚各 1 次，连续喷雾消毒 4 天；食槽、水槽用具用 2%氢氧化钠溶液洗刷，然后再用清水冲洗。

③在发病期间，提高消毒药液浓度，加强对周围环境消毒和猪舍的消毒即：疫区及疫区周围环境 4～6 次/天，母猪和未发病的仔猪中午时带猪喷雾消毒 1 次/天（喷雾时选用新型喷雾器），猪场生活区 1 次/天，减少病原微生物排放对环境的污染。

④对受威胁和健康母猪群投药预防和控制：每吨饲料添加：泰乐菌素 800 克＋阿莫西林 250 克，连喂 7 天；再交替使用 10%氟苯尼考 500 克＋多西环素 250 克，前 3 天治疗量加倍，后 4 天为常规治疗量。饮水中加葡萄糖、多种维生素、小苏打，连用 5～7 天，增强机体抵抗力，减少应激反应。

⑤病仔猪的治疗：柴胡、氨苄青霉素或 30%氟苯尼考注射液肌注，每日 1 次，连用 7 天。

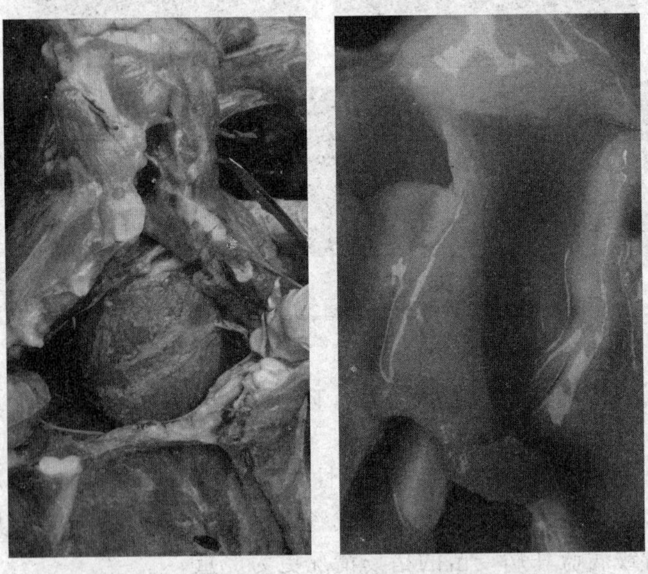

图 6-29　胸腔纤维素性渗出和关节腔胶冻样物质

278 怎么诊治猪丹毒？

猪丹毒是由猪丹毒丝菌引起的一种急性热性败血性传染病，临床表现败血症、皮肤不同程度病变（图 6-30）、慢性多发性关节炎和心内膜炎。

诊断：根据临床症状和试验室分离鉴定病原进行诊断。血清学试验结果只能说明患猪接触过病原，不足以当作确诊依据，必须间隔 14 天作两次血清学试验，如果结果都是滴度升高，才可以用来辅助诊断。

治疗措施：本病首选治疗药物为青霉素，药效快。如果病猪数目较多，则有必要对易感群体进行全群注射治疗。可先采用饮水用药，再饲料中用药。在饲料中添加青霉素 V 200 克/吨或四环素 500 克/吨。青霉素 V 还可以用在疾病即将爆发时作预防性投药。同时对圈舍进行清洗消毒。必要时采取免疫接种，8 周龄一次，最好 10～12 周龄再来一次。一般 8 周以前不做免疫接种，因为母源抗体会影响接种效果。

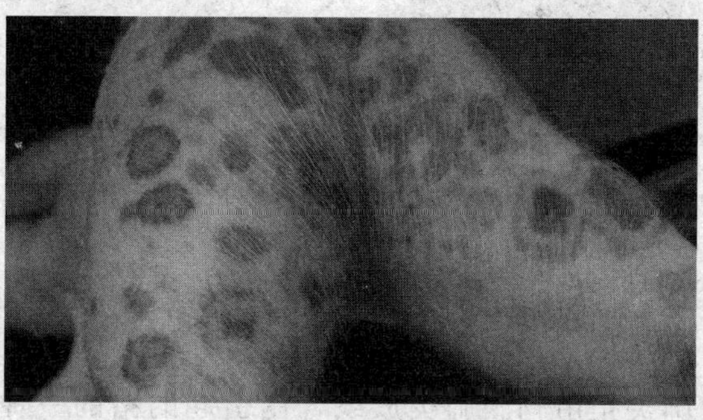

图 6-30　猪丹毒皮疹

279 怎么诊治猪肺疫？

猪肺疫是由多杀性巴氏杆菌引起的一种急性败血性传染病，临床表现咽喉部肿胀和高度的呼吸困难（图 6-31），慢性病猪症状不明显，有时有关节炎。

诊断方法：本病的最急性型病例常突然死亡，而慢性病例的症状、病变都不典型，并常与其他疾病混合感染，单靠流行病学、临床症状、病理变化诊断难以确诊。

与类症鉴别：在临床检查应注意与急性猪瘟、咽型猪炭疽、猪气喘病、传染性胸膜肺炎、猪丹毒、猪弓形虫等病进行鉴别诊断。

实验室检查，取静脉血（生前），心血各种渗出液和各实质脏器涂片染色镜检。

猪肺疫可以单独发生，也可以与猪瘟或其他传染病混合感染，采取病料做动物试验，培养分离病源进行确诊。

防治措施：最急性病例由于发病急，常来不及治疗，病猪已死亡。青霉素、链霉素和四环素族抗生素对猪肺疫都有一定疗效。抗生素与磺胺药合用，如四环素＋磺胺二甲嘧啶，泰乐菌素＋磺胺二甲嘧啶则疗效更佳。914 对本病也有一定疗效，一般急性病例注射 1 次即可，如有必要可隔 2～3 天重复用药 1 次。在治疗上特别要强调的是，本菌极易产生抗药性，因此有条件的应做药敏试验，选择敏感药物治疗。发生本病时，应将病猪隔离、封锁、严密消毒。同栏的猪，用血清或用疫苗紧急预防。对散发病猪应隔离治疗，消毒猪舍。对新购入猪隔离观察一个月后无异常变化合群饲养。

图 6-31 猪肺疫的肺脓肿和气泡

280 猪传染性胸膜肺炎怎么诊治？

猪传染性胸膜肺炎是由胸膜肺炎放线杆菌引起的猪的一种呼吸道传染病，临床表现为猪急性纤维素性胸膜肺炎或慢性局灶性坏死性肺炎（图 6-32），急性病例死亡率较高，慢性病猪能够自然耐过。

诊断：根据本病主要发生于育成猪和架子猪以及天气变化等诱因的存在，比较特征性的临床症状及病理变化特点，可做出初诊。确诊要对可疑的病例进行细菌检查。鉴别诊断 在病的最急性期和急性期，应与猪瘟、猪丹毒、猪肺疫及猪链球菌病做鉴别诊断。慢性病例应与猪喘气病区别。

治疗：

选用氟甲砜霉素肌肉注射或胸腔注射，连用 3 天以上；饲料中拌支原净、强力霉素、氟甲砜霉素或北里霉素，连续用药 5～7 天，有较好的疗效。最好做药敏试验，选择敏感药物进行治疗。猪群发病时，应以解除呼吸困难和抗菌为原则进行治疗，并要使用足够剂量的抗生素和保持足够长的疗程。本病早期治疗可收到较好的效果，但应结合药敏试验结果而选择抗菌药物。

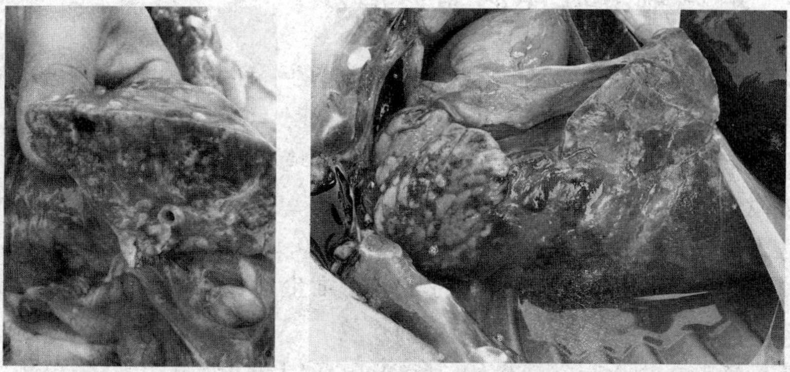

图 6-32 胸膜肺炎的肺脏变化

281 猪萎缩性鼻炎如何治疗？

猪萎缩性鼻炎是由猪多杀性巴氏杆菌和败血波氏杆菌协同引起的一种慢性呼吸道传染病（图 6-33），临床表现以猪颜面部的歪斜和月牙形的泪斑为主，鼻流脓液或鼻液里面带血丝。

药物治疗，每吨饲料加入磺胺甲氧嗪 100 克，或金霉素 100 克，或加入磺胺二甲基嘧啶 100 克、金霉素 100 克、青霉素 50 克三种混合剂，连续喂猪 3～4 周，对消除病菌、减轻症状及增加猪的体重均有好处。

对早期有鼻炎症状的病猪，定期向鼻腔内注入卢格氏液、1%～2%硼酸液、0.1%高锰酸钾液等消毒剂或收敛剂，都会有一定好处。

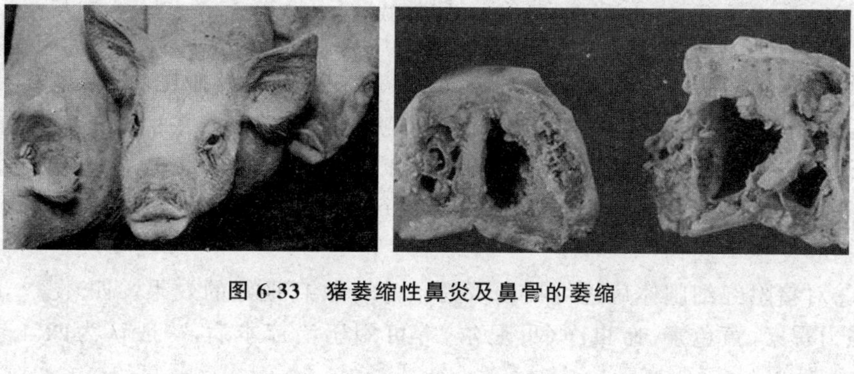

图 6-33 猪萎缩性鼻炎及鼻骨的萎缩

282 猪钩端螺旋体病如何治疗？

猪钩端螺旋体病是由猪的钩端螺旋体引起的一种人畜共患传染病，临床表现主要以黄疸、血红蛋白尿、皮下水肿和流产为特征。

①发病猪群应及时隔离和治疗，对污染的环境、用具等应及时消毒。

②可使用 10%氟甲砜霉素（每千克体重 0.2 毫升，肌肉注射，每天 1 次，连用 5 天），磺胺类药物（磺胺-5-甲氧嘧啶，每千克体重 0.07 克，肌肉注射，每天 2 次，连用 5 天）对发病猪进行治疗；病情严重的猪可用维生素、葡萄糖进行输液治疗；链霉素、土霉素等四环素类抗生素也有一定的疗效。

③感染猪群可用土霉素拌料（0.75～1.5 克/千克）连喂 7 天，可以预防和控制病情的蔓延。妊娠母猪产前 1 个月连续用土霉素拌料饲喂，可以防止发生流产。

283 猪附红细胞体病如何治疗？

猪附红细胞体病（图 6-34）目前尚无疫苗免疫，无特效的治疗药物，只有采用综合性的防治措施与对症治疗的方法：

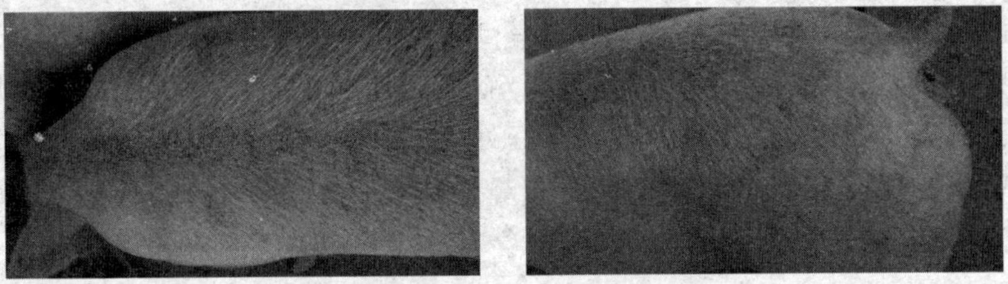

图 6-34 猪附红细胞体病猪的皮肤出血点

①在本病的高发季节，应扑灭蜱、虱子、蚤、螫蝇等吸血昆虫，断绝其与动物接触。

②可定期在饲料中添加预防量的四环素、强力霉素、金霉素，对本病有很好的预防效果。每吨饲料中添加金霉素 48 克或每升水中添加 50 毫克，连续 7 天，可预防大猪群发生本病；

③对猪附红细胞体病进行早期及时治疗可收到很好的效果。四环素、卡那霉素、强力霉素、黄色素、血虫净（贝尼尔）等可用于治疗本病，一般认为四环素效果较好。

④发病小猪用磺胺-5-甲氧嘧啶注射液进行肌肉注射，每天一次，连用 3 天，同时注射 1 次铁制剂。

⑤贝尼尔（血虫净），每千克体重 5～7 毫克，深部肌肉注射，间隔 48 小时再注射 1 次。病重猪对贝尼尔无效，发病初期效果好。

284 猪渗出性皮炎如何治疗？

猪渗出性皮炎（图 6-35）是由猪葡萄球菌引起猪全身性的渗出性皮炎，可以导致脱水和死亡。主要发生在产房和保育期的仔猪，发病严重猪场死亡率较高。

①对病猪严格隔离，对猪舍彻底消毒。

②用 0.1%高锰酸钾水浸泡发病仔猪身体 1～2 分钟，头部用药棉沾高锰酸钾水清洗病灶，然后擦干、晾干涂上龙胆紫。对初发少数病灶直接涂上龙胆紫，效果很好。

③每头病猪用青霉素 5 万国际单位进行肌肉注射，每天两次，连用 3～5 天。病情严重仔猪除以上方法外配合抗生素治疗，葡萄球菌对庆大霉素、丁胺卡那霉素等氨基甙类和新型的青霉素耐药性低，应优先选用。丁胺卡那霉素 10～15 毫克/千克体重肌注，1 日 2 次或阿莫西林 10 毫克/千克体重，1 日 2 次。为加强疗效可联合用药，二者存在增强作用。饲料中补充添加多种维生素。

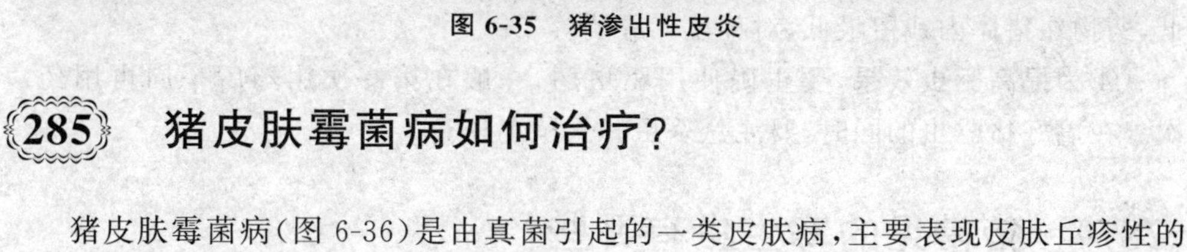

图 6-35 猪渗出性皮炎

285 猪皮肤霉菌病如何治疗？

猪皮肤霉菌病（图 6-36）是由真菌引起的一类皮肤病，主要表现皮肤丘疹性的斑块，农村和环境卫生条件差的猪场多见。

病猪进行及时治疗，患部先剪毛，再用温肥皂水洗净痂皮后，或直接涂擦药物。10%水杨酸酒精或油膏或 5%～10%硫酸铜溶液，每天或隔天涂敷直到痊愈。水杨酸 6 克、苯甲酸 12 克、敌百虫 5 克、凡士林 100 克，混合外用。石炭酸 15 克、碘酊25毫升、水合氯醛10毫升，混合外用，每天1次，3天后用水洗净，涂以氧化锌软膏。5%碘甘油涂擦效果不错，一天一次，直至痊愈，克霉唑癣药水外用。也可以口服制霉菌素或灰黄霉素等。

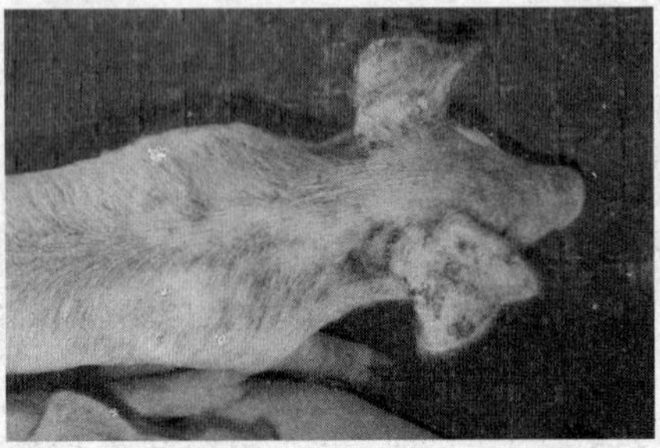

图6-36　猪皮肤霉菌病

286 为什么要定期驱虫？

①寄生虫的危害表现在夺取动物营养，造成动物贫血、瘦弱、发育停滞；机械作用造成占位压迫、管道阻塞；损伤器官引发炎症；带入病原微生物继发感染；降低机体免疫能力。

②猪的驱虫是将猪体内（或身体上）上的寄生虫杀灭或驱出体外的措施。驱虫与预防注射一样，在猪场综合防疫体系中，是建立生物安全体系，提高猪群健康水平的又一重要措施。

③在现代养猪生产中，规模化，集约化生产越来越多，寄生虫病对生产的影响日渐突出，生产经营者对驱虫工作很重视，对驱虫药物的要求越来越高。理想的驱虫药必须在高效，低毒，光谱的基础上，做到使用剂量小，适口性好，使用方便，价格低，药物在猪体内残留最低，对环境无影响等。

④为提高驱虫效果，要正确使用驱虫药，一般在第一次用药后一周再用药一次。在搞好猪驱虫的同时，要注意杀虫和灭鼠工作。

287 猪常见的寄生虫有哪些？

寄生虫分体内寄生虫和体外寄生虫两大类；体内寄生虫主要有蛔虫、鞭虫、结节线虫、肾线虫、肺丝虫等；体外寄生虫主要有螨、虱、蜱、蚊、蝇等；除干扰猪的正常生活节律、降低饲料报酬和影响猪的生长速度以及猪的整齐度外，并是很多疾病的如猪的乙型脑炎、细小病毒、猪的附红细胞体病等的重要传播者，给养猪业造成严重的经济损失。

288 猪蛔虫怎样防治？

2～8月龄小猪每隔两个月驱一次虫；猪粪便经堆积发酵或沼气发酵处理后可作农用，以阻止蛔虫卵的散播。圈面、墙壁、用具可用50～75℃热水冲洗，对污染地面用生石灰，2%～5%热碱水(60℃以上)及5%～10%石炭酸进行喷洒。驱虫药物有：敌百虫：每千克体重0.1克，配成水溶液，拌料一次喂服；左旋咪唑：每千克体重10毫克，拌料一次喂服；也可用5%注射液，每千克体重7毫克，肌肉注射；驱蛔灵：每千克体重0.1克，混入饲料给药；丙硫苯咪唑：每千克体重5毫克，混入饲料或配成悬液给药。

289 猪囊尾蚴如何防治？

猪囊尾蚴是猪带绦虫的幼虫(图6-37)，常常寄生在人和猪的横纹肌、咬肌等部位，若寄生在心肌、脑、眼等器官危害则更加严重，是人畜共患的寄生性疾病，也是肉品卫生检验的重点项目。

对猪的治疗可用：吡哇酮30～60毫克/千克，口服，连用3次，每次间隔1天。

预防：

①宣传科普知识，使人懂得猪囊尾蚴的巨大危害，了解猪囊尾蚴病与人猪带绦虫病的关系及防治方法。

②加强肉品检验，应大力推广定点屠宰，集中检疫，检出的病猪肉严格按照国家规定进行无害化处理，严防流入消费者手中。

③防止人吃到活的猪囊尾蚴，切生、熟的刀和砧板及盛具要分开，并要防止手污染有猪囊尾蚴的头节。

④防止猪吃到人粪中的虫卵或孕节，猪要圈养，猪圈要远离厕所，人有厕所，不随地大便，人粪要进行无害化处理后再作肥料。

⑤查治病人，驱除成虫，减少传染源，从而减少猪感染囊尾蚴，也防止人自身感染囊尾蚴。

图6-37 猪囊尾蚴幼虫

290 猪弓形虫如何防治？

猪弓形虫病是由月牙形或梭形的猪弓形虫引起的一种人畜共患性原虫病。临床主要是高热、黄疸和血红蛋白尿，母猪流产、死胎和产弱仔。

预防：

①在本病流行地区，应对猪进行弓形虫检疫，检出隐性感染猪，隔离饲养，治疗或淘汰，以消灭传染源。

②保持猪栏和运动场的清洁卫生和干燥，及时扫除猪粪并堆积发酵。

③本病流行期间，用磺胺药进行预防。

④目前已知猫是弓形虫的终末宿主，为避免猫排出的弓形虫卵囊污染环境及饲料，猪场禁止养猫。

治疗：

①复方敌菌净，每千克体重口服75毫克，疗效显著。

②磺胺嘧啶加甲氧苄氨嘧啶，前者每千克体重7毫克，后者每千克体重为14毫克，每天两次，连用3～5天。

③磺胺-6-甲氧嘧啶按每千克体重60～100毫克，单独口服，或配合三甲氧苄嘧啶每千克体重14毫克，口服，每日一次，连用四次。

④中药治疗用“灭弓汤”，25千克体重的用量配方：槟榔7克、常山10克、桔梗6克、柴胡6克、麻黄5克，水煎候温内服，每日两次，用药3～4天。

291 猪旋毛虫如何防治？

猪旋毛虫成虫寄生在猪的小肠，幼虫寄生在猪的横纹肌里面，是一种人畜共患性寄生虫病，人吃到了未经煮熟的猪肉或因为不良生活习惯感染猪旋毛虫，严重时可以造成死亡。

①加强卫生宣传教育，改善生活方式，防止人的感染。提倡各种肉品熟食，生熟分开，防止旋毛虫幼虫对食品及餐具的污染。

②加强肉品卫生检疫，严格遵守操作规程，不仅要检查猪肉，各种兽肉都要检疫，对检出的旋毛虫肉及内脏等进行严格的无害化处理，禁止鲜销。

③防止猪的感染。不要用混有生肉屑的泔水喂猪。猪要圈养，以免猪到处乱跑，吃到含旋毛虫的动物尸体、粪便以及昆虫等。老鼠是传播旋毛虫病的重要途

径，猪场要灭鼠，防止饲料污染。

④药物防治。在旋毛虫病流行严重的地区，可使用丙硫苯咪唑按 300 ppm 混于饲料中(每千克饲料均匀加入丙硫苯咪唑 0.3 克)，连续喂服 50 天，可有效杀死肌旋毛虫。

292 猪球虫如何防治?

猪球虫病是由艾美尔属和等孢属的球虫引起的。临床以拉水样或糊状稀便，有些还带有血丝。仔猪消瘦，发育受阻。

(1)治疗　发现病猪应尽早隔离治疗，把药物加入饮水中或将药物混于铁剂中有比较好的效果；个别给药是治疗该病最佳效果。治疗用药，①磺胺类，磺胺二甲基嘧啶、磺胺间甲氧嘧啶、磺胺间二甲氧嘧啶等，连用 7～10 天。②抗硫胺素类，氨丙啉、复方氨丙啉、强效氨丙啉、特强氨丙啉、SQ 氨丙啉，每千克体重 20 毫克，口服。③均三嗪类，杀球灵、百球清等，3～6 周龄的仔猪口服，每千克体重 20～30 毫克，④莫能霉素，每 1 000 千克饲料加 60～100 克；拉沙霉素，每 1 000 千克饲料加 150 毫克，连喂 28 天。⑤氯苯胍，每千克体重 20 毫克，灌服；每日 1 次，连服 3 天。⑥复方新诺明，每千克体重 100 毫克，灌服，每日 1 次，连服 3 天。

(2)预防　该病要做好饲养管理工作，减少新生仔猪球虫病损失的最好方法是搞好环境卫生。平时要将产房彻底清除干净，产房内保持清洁、卫生、干燥。经常清除粪便，用 50%以上的漂白粉或 5%氨水或氨水复合物消毒几小时或熏蒸；在产房入口处放置消毒液，进入产房的人员一定要穿经消毒液浸泡的工作鞋后再进入，要尽量减少人员进入产房，以免由鞋子或衣服携带卵囊在产房中传播，要防止宠物、猫狗等进入产房，以免其爪子携带卵囊在产房中传播。对产房内的母猪加强护理，泌乳母猪的乳汁充足，仔猪健壮，可提高抗病能力。

293 猪疥螨如何防治?

猪疥螨是由猪疥螨寄生于猪皮内引起的一种慢性接触性皮肤传染病(图 6-38)。临床表现瘙痒、皮肤增厚、粗糙变硬、皱褶、龟裂、皮屑、猪渐进性消瘦为特征。

①加强饲养管理，搞好猪舍卫生工作，经常保持清洁、干燥、通风。栏舍的墙壁上喷洒 1%敌百虫溶液药水或涂生石灰水，进猪时，应隔离观察，防止引进带螨病病猪；

②发现病猪应立即隔离治疗，以防止蔓延，在治疗病猪的同时，应用杀螨药彻

底消毒猪舍和用具，将治疗后的病患猪安置到已消毒过的猪舍内饲养；

③药物治疗：a. 伊维菌素每千克体重按 0.03 毫升注射，粉剂按每千克体重 15～20 毫克口服；b. 用配制成 0.5%～1%敌百虫水溶液喷洒或淋洗猪体；c. 杀虫脒配制成 0.1%～0.2%溶液局部涂擦或喷洒；d. 花椒 15 克、硫黄 15 克、雄黄 15 克、菜油 150 毫升，调匀擦患部。

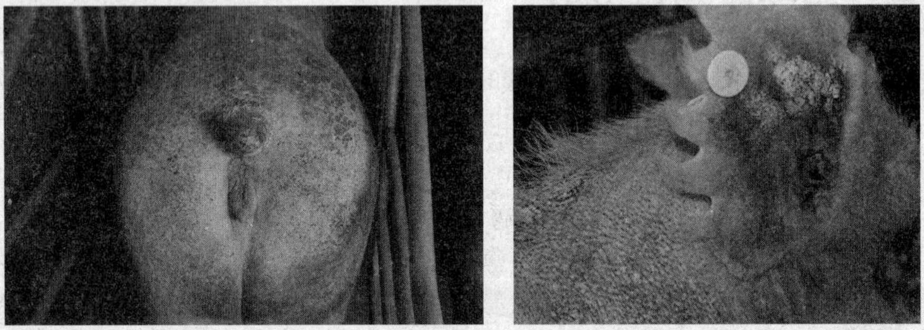

图 6-38 躯干和头部的疥癣斑块

294 怎么防治猪黄曲霉毒素中毒？

①加强饲料管理，防止饲料发霉，严禁饲喂霉败饲料。轻度发霉（未腐败变质的），应先行粉碎，随后加清水（1∶3）浸泡并反复换水，直至浸出水呈无色为止，再配合其他饲料饲喂。

②黄曲霉毒素中毒（图 6-39）目前尚无特效解毒药物治疗，只能采取投服盐类泻剂，如硫酸镁、硫酸钠，静脉放血和补糖解毒保肝等对症治疗。

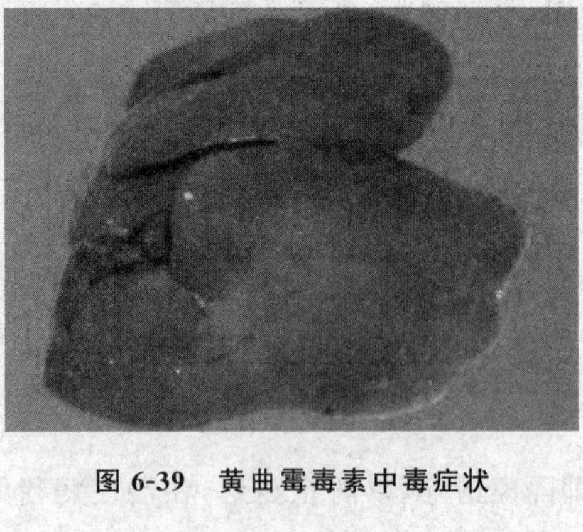

图 6-39 黄曲霉毒素中毒症状

295 猪为什么异嗜？怎样防治？

①病因异嗜癖是指猪在一些情况下有采食不能食用物质的表现，如煤渣、泥土、烂布、被粪尿污染的物品以及仔猪胎衣等。出现此种异常嗜好，主要是由于某些营养物质缺乏，机体代谢机能紊乱，味觉异常所致。能引起本病的原因：一是缺乏蛋白质（尤其是必需氨基酸），二是缺乏维生素（特别是B族维生素），三是缺乏矿物质（尤其是微量元素），如钠、钴、铁、硫、硒、锌、锰等。另外，当猪长期慢性消化不良时，因营养物质的消化吸收障碍，也容易导致异嗜癖。

②防治措施。在查清病因之后，有计划、有目的地加强和改善饲养管理，给予全价日粮，或遵循缺什么补什么，缺多少补多少的原则，补充所需要的营养成分。也可改圈养为放牧，或对牧草进行改良，并追施矿物质肥料，以提高牧草的质量。圈养的猪，要多喂青绿饲料，在枯草期可多喂优质青干草，或在饲料中适量添加多维素等维生素制剂，以防止维生素缺乏。

296 怎样治疗猪便秘？

预防：合理搭配饲料，粗料细喂，喂给青绿多汁饲料，每天保证足够的饮水和适量运动，不用纯米糠饲料喂刚断奶的仔猪。对病猪，在进行药物治疗的同时，暂时停止喂给粗饲料，给予充足饮水或青绿多汁饲料。用温肥皂水灌肠，但怀孕母猪不要应用，以免引起流产。

治疗：麻仁、栝楼仁、莱菔子、郁李仁、滑石各9克。煎服（此为25千克体重猪的用量）。也可用硫酸钠或硫酸镁30～100克，加水600～2 000毫升，一次灌服。还可取植物油10～50克灌服。对怀孕母猪可灌服液状石蜡油60～300毫升。病猪高度衰弱时，应用10%的葡萄糖液200～500毫升静脉或腹腔注射，每天1次。

297 怎样防治猪中暑？

预防：在炎热的夏天，猪舍要有避光设备，注意空气的流通；用车船运输时除了避光通风外，要防止互相挤压，多饮水及充分休息。西瓜有天然“白虎汤”之称，有条件的可给病猪喂适量。

治疗：

①发现病猪立即将其置在阴凉通风地方，先用冷水或冰水浇头或冷水灌肠，给

予饮用大量的1%～2%的凉盐水，并用2.5%盐酸氯丙嗪溶液2～3毫升，5%葡萄糖生理盐水200毫升，20%安钠加溶液5毫升静脉注射。

②伴发肺充血及水肿的病猪，先注射20%安钠加溶液5毫升，立即静脉放血100～200毫升，放血后用复方氯化钠溶液100～300毫升，静脉注射，每隔3～4小时重复注射一次；对狂躁不安，心跳加快的病猪皮下注射安乃近10毫升、盐酸氯丙嗪3毫升。

③十滴水或薄荷水10～20毫升，樟脑酊30毫升，1次内服。

④樟脑磺酸钠5～10毫升，或安那咖2～10毫升，1次肌肉注射。

⑤甘草、滑石各30克，绿豆水为引，内服。

⑥藿香、香薷、石菖蒲、莱菔子、淡竹叶各15克，水煎服。

七、猪场经营管理

298 什么是猪场经营管理？

猪场的经营管理是指与猪场生产相关联的一系列生产经营活动。主要指的是猪场行政管理、生产管理、财务管理和猪场销售管理，涉及面广，范围大。

经营是指商品生产者根据市场需要及企业内外部环境条件，合理地选择生产，对产、供、销各环节进行合理分配和组合，使生产适应于社会的需要，以求用最少的人、财、物消耗取得最多的物质产出和最大的经济效益。管理是指商品生产者为实现预期的经营目标所进行的计划、组织、指挥、协调、控制等工作。

经营是确定方向、目标性的经济活动，管理则是执行性的活动，是企业内部人与人、人与物的联系。一个企业如果没有明确的经营目标和正确的决策，生产就会陷入盲目性，管理也就会失去目标，经营目标也就难以实现。只有在善于经营的前提下，加上科学的管理，才能取得良好的经济效益。

299 猪场经营管理的基本内容有哪些？

猪场经营管理的基本内容有猪场的生产计划管理，劳动管理，财务管理，经济核算，技术及经济活动分析，市场预测，经济合同，保险业务和科学决策等。

(1)生产前的决策　猪场的经营决策就是对养猪场的建场方针、奋斗目标以及实现这一目标所采取的重大措施做出选择与决定。决策的正确与否，对养猪场的生存与发展、经济效果等有决定性的意义。决策包括市场调查与预测、经营方向、生产规模、猪舍建筑、饲养方式等。

明确经营方向，即生产的定位。分为种猪场、商品猪场两大类。以繁育优良猪种，向市场推广种猪、为主要产品的为种猪场，可分为原种、曾祖代、祖代和父母代种猪场。以饲养商品猪、向市场提供鲜肉及其产品为主的是商品猪场。

明确生产规模。适宜的生产规模确定主要决定于投入产出效果和固定资金利用效果。我国现阶段养猪规模可分为工厂化场、集约化场、规模化场、散养户几种。50头以下为散户、50～200头为规模场、200～500头为集约化场、500头以上是工厂化场。

明确饲养方式。饲养方式的选择主要根据所养猪的品种、规模、当地气候条件、资金和技术力量等来确定。目前主要有密闭式、半开放式、开放式和放养等几种方式。

(2)生产组织　中小型养猪场的生产组织模式是由场长、技术员、饲养员以及会计、出纳、保管员、饲料加工员、驾驶员、炊事员等组成。大型养猪公司的组织机构除此以外,主要是要增设总部生产组织,包括董事会和董事长、总经理、财会部、科研部、生产部、供应部、销售部、人事部等机构。

每个猪场在年初生产之前,都要详细制订生产计划,以便在以后的生产中有奋斗目标,有计划地安排生产,减少盲目性。包括制定产量计划、猪群周转计划、饲料计划、产品销售计划、利润计划。

(3)生产管理　通过制定各项规章制度和方案作为生产过程中管理的依据,使生产能够达到预定的指标和水平。包括人的管理、技术管理、资金管理和房建设备管理。

人的管理实质上是场长管人的问题。养猪场要规范各项规章制度,比如工资奖罚制度、岗位责任制、作息制度、消毒防疫卫生制度、物品使用制度等,制度上墙,用制度管人,严格执行。

技术管理就是把制定的技术措施(如技术操作规程、饲养员一日工作程序)及时、全面、准确地贯彻下去。技术员应在场长领导下将每一个技术措施变成实际行动。

资金管理指流动资金的管理,既包括现金管理又包括饲料、种猪销售、器材等物资的管理。要有健全的财务制度、账本记录和财会手续。收支情况要日清月结,笔笔清楚。

房建设备管理实质上是固定资金的管理,包括技术、厂房、附属建筑、道路、围墙、猪栏、水电设备等。房建设备管理好了,就可以节约一大笔资金。

(4)经济核算　猪场经过一定阶段生产后(一般半年或一年),应进行生产小结或总结,进行经济核算,以检查生产计划及利润计划的完成情况。在此基础上,进行经济分析,提高经济效益。

300 猪场机构是怎么设置的?

猪场的机构设置一般是董事长下设猪场场长,猪场场长下面设猪场办公室、生产部、财务部和市场部。猪场办公室负责平时的行政管理、公共关系、人事管理、员工招聘、绩效考核、项目申报和项目管理，门卫食堂；生产部负责生产管理和技术人员管理，生产管理包括配种妊娠、产仔、保育和育肥、选育测定，技术管理包括畜牧技术人员和兽医技术人员的管理，统计保管人员；财务部负责拟订猪场财务计划，负责财务管理、资本运作、投融资管理和猪场的审计事务；市场部主要负责销售队伍的管理、种猪的销售、商品猪的销售和客户的管理。见图 7-1。

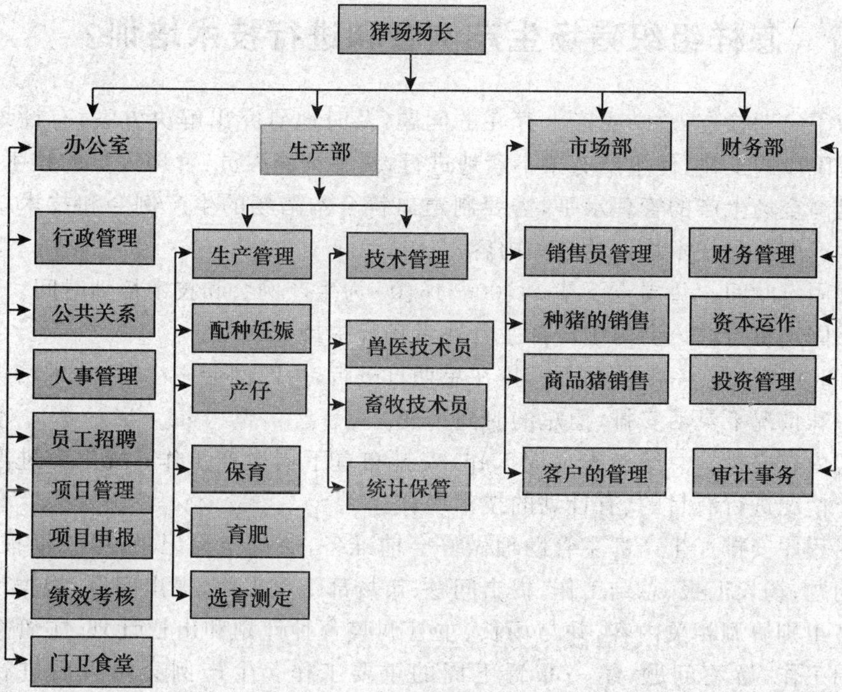

图 7-1　猪场机构

301　猪场岗位是怎样设置的？

猪场岗位设置我们以一个万头猪场的岗位设置来说明，场长 1 名，办公室主任 1 名（负责行政管理），人员 7 名（1 人负责公共关系，1 人负责人事管理，包括员工招聘，1 人负责绩效考核，1 人负责项目管理和项目申报，门卫 1 人，食堂 1 人，水电工 1 人），生产部主管 1 名（负责生产管理和技术管理），生产主管 1 名（管理各组），配种妊娠组 4 名（种公猪 1 名，负责饲喂种公猪并采精配种，3 名饲养配种妊娠母猪，协助配种），产仔组 5 名（组长 1 名，组员 4 人，5 人轮流夜班），保育组 5 名（组长

1名，组员4人），育肥组9名（组长1名，组员8人），选育测定组3名（组长1名，组员2名，其中2人负责选育，1人负责测定），技术主管1名，技术人员3名（1人负责育种，1人负责兽医，1人负责所有生产报表的统计和猪场保管），市场部主管1名（主抓市场部所有工作，还要负责商品猪的销售和客户管理），销售员2名（主要进行种猪的销售），财务部主管1人（负责财务管理、资本运作和投资管理），财务人员2名（会计1人，出纳1人，会计协助财务主管做好审计事务），合计45名。

302 怎样组织猪场生产例会和进行技术培训？

为了定期检查、总结生产上存在的问题，及时地研究出解决方案；有计划地布置下一阶段的工作，使生产有条不紊地进行；提高饲养人员、管理人员的技术素质，进而提高全场生产的管理水平，需要制定出符合本猪场的生产例会和技术培训制度。生产例会和技术培训的有关内容：

①固定时间。每周末下午14：00—16：00为生产例会和技术培训时间。

②固定主持。该会由生产部主管或者场长主持。

③时间安排。一般情况下安排在星期日进行，生产例会一小时，技术培训一小时。特殊情况下灵活安排，但总的时间不变。

④内容安排。总结检查上周工作，安排布置下周生产工作；按生产进度或实际生产情况进行有目的、有计划的技术培训。

⑤程序安排。生产部主管助理做好会前准备，会议全程记录；组长汇报工作，提出问题；场长汇报、总结工作，提出问题；市场部汇报工作，提出问题，根据市场需求与各组别协调相关内容，并与场长、主管调整育种计划和出栏计划；主管全面总结上周工作，解答问题，统一布置下周的重要工作。生产例会结束后进行技术培训。

⑥会前生产部全体员工和主持人要做好充分准备，重要问题要准备好书面发言材料。

⑦对于生产例会上提出的一般性技术性问题，要当场研究解决，涉及其他问题或较为复杂的技术问题，要在会后及时上报技术顾问或专家、讨论研究，并在下周的生产例会上予以解决。

303 猪场目标考核的内容有些什么？

为了正确处理猪场与猪场员工之间的责权利关系，充分调动猪场员工的工作积极性，规范猪场的管理，提高猪场生产水平和经济效益，完成猪场年度各项生产任务、技术指标和效益目标，猪场应制定各岗位目标责任制，由猪场贯彻执行并对猪场员工进行绩效考核，猪场与员工之间应签订《目标管理责任书》。猪场目标考核涉及两个方面的内容，首先是猪场应在过去生产成绩的平均基础上，广泛征求员工和各方面意见，制定出符合猪场实际的岗位目标管理责任和考核方案，要让猪场员工都知晓这个方案的内容和绩效考核的计算方法，做到公开、公正、透明，并鼓励猪场员工发表意见和建议，方案越公开透明，越能调动员工的积极性，方案实施越顺利；二是要加强管理和落实岗位职责，以及目标考核，猪场与各个岗位员工签订目标考核责任书后，使员工清楚自己的责权利，这样才能使猪场的岗位目标考核和奖惩有章可循。

304 猪场生产指标有哪些？

猪场生产指标包括 5 个方面。

(1)存栏指标

①经产母猪存栏数：指配种开始及以后的能繁母猪。

②后备母猪存栏数：指留种进入后备群的未配种母猪。

③产房仔猪存栏数：所有产后还在产床里面的仔猪数。

④保育仔猪存栏数：保育舍未转到生长育肥舍的仔猪。

⑤生长育肥猪存栏数：转出保育至育肥出售前的生长育肥猪数。

⑥妊娠母猪存栏数：配种后未返情、流产、分娩的母猪。

⑦哺乳母猪存栏数：分娩后未断奶的母猪头数。

(2)配种指标

①母猪死淘数：指后备和经产母猪的死亡和淘汰数。

②后备母猪配种数：指后备母猪从开始配种到第一胎分娩前的配种母猪数。

③经产母猪配种数：指第一胎分娩以后的所有成年母猪配种数。

④返情配种数：指返情、流产、空怀母猪配种数。

(3)分娩指标

①经产母猪分娩窝数：指 2 胎以上胎次的母猪分娩的窝数。

②初产母猪分娩窝数：指后备母猪的分娩窝数。

③总产仔数：指母猪分娩产下的所有仔猪数，包括死胎、木乃伊胎、畸形、弱仔和健仔。

④产活仔数：指产出后存活的畸形、弱仔和健仔数。

⑤死淘数：指分娩后丢弃的死胎、木乃伊胎、畸形和弱仔数。

⑥初生重：指仔猪初生当时所称的体重。

(4)断奶指标

①断奶窝数：指母猪断奶头数。

②断奶仔猪数：指断奶后同期离乳的仔猪数。

③断奶仔猪窝重：指断奶同窝仔猪的总重量。

④断奶仔猪个体重：指离乳时仔猪的平均个体重。

(5)生长育肥指标

①保育死淘数：指在保育到转入生长期阶段前的仔猪死亡和淘汰的数量。

②生长育肥死淘数：指从保育转入育肥猪舍直到出栏前的死亡和淘汰猪数。

③种猪销售数：指25～70千克的作为种猪销售的头数。

④商品仔猪销售头数：指不能做种用的其他猪只的销售头数。

⑤育肥猪销售头数：指70千克以上的生长育肥猪的销售头数。

305 猪场的猪群结构如何确定？

(1)基础母猪数的确定　猪群结构的确定要根据猪场出栏规模来确定，比如一个万头猪场，年出栏一万头商品仔猪，以每头母猪年产2胎、每头母猪每胎次产10头仔猪计，那么一个万头猪场需要基础母猪

10 000头÷2÷10＝500头。

如果产仔成活率90％，保育成活率95％，育肥成活率98％，要生产一万头仔猪则需要基础母猪

10 000头÷2÷10÷0.9÷0.95÷0.98＝596头，

因此一个猪场的基础母猪数为：

基础母猪数＝出栏猪头数÷各期仔猪成活率÷年产胎次

(2)种公猪数的确定　种公猪如果是自然交配，公母比例为1∶(20～30)，那么一个万头猪场的种公猪需要15～30头；如果是人工授精，公母比例为1∶(200～300)，那么一个万头猪场只需要种公猪3头左右，即

种公猪数＝基础母猪数÷公母比例

(3)后备公母猪数的确定　一般我们一个现代化猪场的公猪年更新率是33％，母猪年更新率在20％～40％，因此

后备公猪数＝现有公猪数×公猪年更新率

后备母猪数＝现有母猪数×母猪年更新率

306 怎么进行养猪的市场预测？

生猪市场的预测历来是个养猪人的主要话题，也是最不好预测的，特别是近年来我国生猪市场的变化极其诡异，以前过山车式的规律性不存在了，已经没有多少规律可循，2014 年春节前本该上涨的猪价却出现了下跌，一直下行了 1 年多时间，春节过后的 3、4 月本该上涨的时间仍然在下跌，但是，我个人认为，对我国生猪市场的预测，还是有两个方面的工作可以做：①根据国际市场的变化来进行预测，国际生猪饲养量大，疫病发生少的年份，猪价一般都会呈下行趋势，因为整个世界供大于求，国内进口猪肉会极大地冲击国内市场，出口猪肉减少，影响国内生猪价格和生猪生产；而 2014—2015 年美国、加拿大、日本、中国台湾和一些欧洲国家流行性腹泻严重，当地猪价已到历史高位，进入国内的机会相对就少了，会对国内猪价的上扬起到良好的作用；②密切关注国内生猪政策、养殖数量和疫病变化，2014 年生猪出栏数是 7.3 亿头，出栏数很大，蓝耳等疫病的影响却不大，供大于求，因此猪市场的下行已经注定，2015 年生猪出栏数是 6 亿头，较上年减少出栏生猪 1.3 个亿，且进口也减少，导致生猪价格的上涨。又比如 2006 年，蓝耳病在国内爆发流行，造成生猪出栏降到历史地位，当年猪价一路上行，对我国猪市场的影响让国务院出了个猪十条。当然对于一些自繁自养猪场还要考虑当地一段时间的市场发展趋势，考虑饲养的品种，才能在猪价的变化中得到发展和壮大。

307 什么是猪场财务管理？

一个规模化的养猪场，养猪是猪场的根本，但是缺了猪场的财务管理，一个猪场是盲目的生产，猪场管理的每一个环节都离不开财务管理，只有通过财务对猪场基础数据的收集、整理、成本核算，猪场的盈亏才能通过财务管理反映出来，及时反映猪场的财务情况和生产经营情况，指导猪场生产经营活动，为猪场今后的发展指明道路，因此猪场的财务管理是指猪场整个生产过程的成本核算和利润分析。管理者通过财务分析，才能真正深入剖析猪场财务状况及其形成的原因，从而帮助猪场管理者正确决策，提高猪场利润水平，进而提高猪场的经营管理水平。

308 为什么要进行养猪成本核算？

现代化的养猪场生产规模很大，市场的竞争也更为激烈，谁的猪场管理得好，生产成绩更高，谁就能赢得市场竞争的机会，才能有更多的利润和发展的空间，才能打败对手，赢得更多的生存机会。只有通过养猪的成本核算，猪场的管理者才能随时掌握各个生产阶段猪只的生产经营成本，方便管理者决策和找出自己的不足，寻找到更多的科学依据，为今后猪场的发展提出一个最佳的发展方向和方案，提高猪场生产经营的效益。如果养猪成本太高，市场不好，猪场亏损，那么我们少养猪，养精猪，这时候尽量把老弱淘汰，缩小生产规模，一旦市场好转，盈利增加，可以马上扩大生产猪群，这对家庭农场养猪更有积极意义。

309 为什么要进行猪场经济效益分析？

猪场的经济效益分析是因为猪场生产经营的需要，猪场的生产经营活动不是一个单独的事情，它牵涉了很多方面，猪场的经济效益决定了猪场是否可以存在和发展，经济效益分析有利于猪场员工树立降低成本，增加盈利水平的观念，提高猪场经济效益，使他们从自身利益出发来关心猪场的发展，降低劳动消耗，提高经济效益，有利于正确反映和监督猪场各项经济活动，改善经营管理，找到猪场经营管理的薄弱环节，有利于推动猪场先进科学技术和设备的应用，提高劳动生产率，有利于猪场财产物资的安全、完整和合理的利用，减少闲置和流失，保证经济工作的正常进行。

310 提高养猪经济效益的方法有哪些？

提高养猪经济效益的方法不外乎两种：

①是比较分析法，主要是选取两个或几个有关的可比数据进行对比的方法。包括了变现能力的流动比率和速动比率，

流动比率＝流动资产/平均存货

速动比率＝(流动资产—存货)/流动负债

资产管理的存货周转率和应收账款周转率，

存货周转率＝销售成本/平均存货

应收账款周转率＝销售收入/平均应收账款

负债比率的资产负债率和产权比率，

资产负债率＝(负债总额/销售收入)×100％

产权比率＝(负债总额/所有者权益总额)×100％

盈利能力的销售净利率和净资产收益率；

销售净利率=(净利润/销售收入)×100%

净资产收益率=(净利润/平均资产)×100%

②是因素分析法,主要依据分析指标和影响因素的关系从数量上确定各个因素对指标的影响程度,通常在比较分析的基础上,发现有重大异常变动时,采用此方法。

这两种方法其实质就是我们平时所说的开源节流。

311 怎样提高猪场的经济效益?

要提高猪场的经济效益只有想办法降低猪场的生产成本,提高单位生产成绩,生产适合市场的产品,因此①降低猪场生产成本,饲料占了养猪成本的70%~80%,根据猪场实际情况,制定出一个价廉物美的饲料配方,可以起到降低饲养成本的作用;实行自繁自养,也可以降低养猪的费用;开源节流,降低一些非生产费用也可以降低养猪生产的成本;适时出栏,可以降低生产成本;改善猪场硬件设施,让猪生活在一个舒适安逸的环境中也可以降低生产的成本;加强饲养管理,也可以在一定程度上降低养猪生产成本;②提高养猪单位生产成绩,首先是要选择一个优良的猪种,通过饲养优良猪种,提高单位产量;改善饲料利用率,科学饲养,添加一些催肥促长的饲料添加剂,提高饲料利用率;使用科学的饲养管理技术,提高单位生产成绩。

312 猪场生产计划如何确定?

猪场生产计划一般是根据猪场的生产规模的大小来确定,以家庭农场的模式存在的小型猪场,一般采用的流水式的生产方式或以批次生产的方式,所以一般没有非常具体的生产计划,只是按照猪的自然发情或分批次的购进种猪来安排生产,而一个现代化的规模猪场,一般都是按照周来安排生产计划的,比如一个500头母猪的万头猪场:

①年产总窝数=年产仔数/活仔数×产房成活率×保育成活率×育肥猪成活率

=10 000/10×0.95×0.95×0.98=1 130窝;

②每周配种数=基础母猪数/全年周数×胎次=500/54×2.2=20头;

③每周分娩胎数=每周配种数×配怀率=20×0.95=19窝;

④每周产活仔数=每周分娩胎数×活仔数=19×10=190头;

⑤每周断奶仔猪数＝每周产活仔数×产房成活率＝190×0.95＝180头；

⑥每周保育出栏数＝每周断奶仔猪数×保育成活率＝180×0.95＝171头；

⑦每周出栏肥猪数＝每周保育出栏数×育肥猪成活率＝171×0.98＝168头。

313 猪场配种计划怎么确定?

猪场配种计划的确定同样也是根据猪场的大小来确定的，小型猪场的配种是按照猪的自然发情来进行，规模猪场是按照7天的节律来安排配种生产，

每周配种数＝基础母猪数/全年周数×胎次

但是猪场的配种计划还有另外一方面的内容，对一个种猪场来说，配种计划还应该包括育种计划在里面，选种选配，即根据基础母猪和种公猪的基本信息档案，来确定与配种公猪，母猪只能配无亲缘关系或亲缘关系较远的公猪，是生产纯种还是二杂，所用公猪是不一样的，这样也就避免了遗传疾病、近交退化，充分体现出杂交优势。

314 猪场分娩计划怎么确定?

猪场分娩计划的确定要充分考虑到猪场母猪分娩指数，即在一定时期内，猪场每头母猪提供的产仔仔猪窝数

母猪年产窝数＝365×母猪分娩率/114＋哺乳期＋21×(1－情期受胎率)

从这个公式可以看出，我们希望的是尽量提高母猪情期受胎率和母猪分娩率，缩短哺乳期，尽量缩短母猪的非生产时间，对不发情或屡配不孕的母猪要及时淘汰，才能使母猪的年产窝数提高，母猪的分娩指数才高。

规模猪场的分娩计划也是按7天来确定的，即

每周分娩胎数＝每周配种数×配怀率

315 猪场周转计划怎么确定?

猪群周转计划的总原则：全进全出。尽可能地给猪创造一个舒适的生活环境和生长发育条件；尽可能按照原圈分群周转，以减小转群的应激，转群时公母分开，强弱分开，大小分开；尽可能为转群猪只提供足够的占地面积和生存空间。弱仔和病猪转至隔离猪舍。转群前要做好准备工作，圈舍准备、消毒准备、人员准备、药品

准备，同时了解转群猪只总数和健康状况，因此，猪群的周转在规模猪场一般定在每周三或四进行，转完可以及时清理冲洗圈舍，空舍消毒，处理不合格猪只。当然也可以按照各个猪场自己的实际情况来合理安排猪群的周转计划。

316 猪场饲料计划怎样确定？

猪场饲料计划的确定主要是根据各类猪只的采食量（饲喂量）来定的，各个阶段猪只每天的采食量会随着猪只大小、季节、精神状态、饲养品种、环境和饲料品种而不一样，首先要求我们了解猪场总体饲养群体的状况，了解每个阶段猪只的饲养总数，即明白猪场的总体生产情况，可以从每天的生产报表来了解，然后根据每群猪只的数量和采食量（饲喂量），需要的料种和饲喂时间来报饲料计划，比如猪场圈存妊娠母猪 238 头，

(1)欲计划 20 天全价饲料数量

计划全价饲料数量＝圈存猪只数×每天每头采食量（饲喂量）（千克）×所计划天数＝238×2.3×20＝10 948（千克）

(2)欲计划 20 天 4%预混饲料数量

计划预混饲料数量＝圈存猪只数×每天每头采食量（饲喂量）（千克）×所计划天数×4%＝238×2.3×20×4%＝438（千克）

(3)欲计划 20 天 20%浓缩饲料数量

计划浓缩饲料数量＝圈存猪只数×每天每头采食量（饲喂量）（千克）×所计划天数×20%＝238×2.3×20×20%＝2 190（千克）

317 猪场生产数据怎么管理？

一个猪场从它引种开始每天就会产生很多的数据，家庭养猪如果不考虑成本，只是解决自家需要倒也可以不管这些，但是一个现代化生产的规模化、集约化猪场，生产数据的管理就显得格外的重要了，那么生产数据的管理包括些什么内容呢？猪场生产数据的管理主要包括了生产数据的收集、整理、生产报表的填报和生产数据的电脑录入、存档。每天的基础数据的收集应固定时间，一般是每天下午 6 点（也可以根据各个猪场实际情况确定时间），把当天发生的原始数据分门别类登记、收集、汇总、整理归档。近年来，随着计算机技术的发展，猪场数据的管理已经进入计算机管理的时代，大量的基础数据都被计算机系统录入分析，帮助猪场能够快速、准确的获得信息，进行有效的管理与决策，为此猪场的数据管理有很多的生

产管理软件在应用。但是仅仅靠计算机还是不够的，我们同时还需要保存一份纸质的数据文档，以备不时之需。

318 猪场育种数据如何管理？

目前猪场的育种数据管理，是根据猪场用户的要求来设计的，猪场要求测定的数据和分析的育种资料，包括数据录入、育种日报、周报、月报、选种选配方案及使用BLUP法估测育种值等等，通过GPS育种软件来进行管理，并可以跟全国，甚至世界发达国家的育种机构联网合作进行育种，因此猪场的育种管理显得比以前操作简单，使用范围广，作用大。猪场的育种数据必须专人负责收集整理分析录入上传，保持数据的原始真实不出差错。

319 怎样组织猪场员工培训？

猪场的员工培训是个长期的管理过程，通过对猪场生产岗位的设置，定员定岗加强对猪场员工的管理，搭建一个让猪场员工自我发展的平台，充分发挥他们的聪明才智，实现他们的个人价值，在此过程中，我们需要通过不同方式的员工培训，把在生产管理中容易出现的问题和发现的新问题，通过培训，强化猪场员工的职业素养，对做得好的员工要积极肯定并鼓励他们总结经验，拿出来跟其他人分享，对做得不好的员工，要及时给予指导，在生产中不断地完善、不断地培训，用经验丰富的员工带动其他员工，不断帮助猪场员工随着猪场的发展不断地修正自己，随时跟随猪场发展，及时研究解决方案，使生产有条不紊地进行。猪场员工的培训可以一周安排2次，每次半小时到一小时，先员工互相交流分享，再由主管、技术人员或专家讲解指导。

320 猪场销售队伍如何管理？

猪场的销售队伍是猪场与客户之间的纽带，肩负着猪场产品宣传与推销的重任，销售人员的素质直接影响到猪场与客户之间的关系和猪场的销售业绩，同时销售人员也是了解市场和客户需求的参与者，需要为管理决策提供有关市场信息，发展新客户，售后服务等，所以猪场销售队伍的管理，首先要加强有关猪场生产知识和技术的学习，有养猪的实际经验，品德高尚，吃苦耐劳，善于与客户沟通，有一定的营销技巧，并在猪场的工作中不断地学习和培训，加强自身能力的培养，同时猪场也要为他们提供一个良好的发展空间，制定出一个合乎实际的利益分配方案，充分调动销售人员的积极性，目前大多数猪场采用的都是基础工资加提成的方法，上不封顶，及时兑现；也有给骨干人员股份的。

321 种猪销售的特点是什么？

种猪销售传统的方法都是直销，没有代理和经销的方式，主要因为种猪销售的特殊性，需要进行选种，而每个人对种猪的选择都有不同的要求和方法，是其他人不能代替的，因此直销长期以来成为种猪销售的唯一方法，但是近两年来随着网络技术的发展，目前随着物联网技术的发展出现了物联网销售，使用网络直销、微信直销的方法，流行的 O2O 营销方式，但是都必须遵循双赢互惠和诚信守法的原则。

322 种猪销售方法有哪些？

种猪销售的方法有：专家顾问销售、提供附加利益销售、关系销售、参与客户购买决策销售、用户会议销售、相关行业协作销售、示范营销、培训销售、电话销售、网络销售、微信销售、O2O 营销等。这些方法一般都不是单独使用的，多是几种方法的有机结合，从而达成一个好的销售业绩。

323 商品肉猪如何销售？

目前商品肉猪的销售大多还是比较传统的营销模式，即有出栏猪时联系肉食品屠宰企业或屠宰户，经加工后即进入市场销售，养殖场和销售终端是脱节的，但是近年来商品肉猪销售模式有了一些变化。

（1）一条龙模式　企业把产业链拉长，做到了养殖和屠宰、销售一条龙，这样减少了养殖的风险，但是资金量很大，不是一般养殖场能做的；

（2）品牌营销　有的养殖场开始做自己的品牌猪肉及其制品，这样的养殖场不在少数，有的采取农家乐的形式，有的采取自己开店销售，有的进入了超市，还有的微信或上网店销售；

（3）订单式销售　针对一部分高端人群，采用订单式生产，指定品种，指定饲养头数，按照品种和用户要求标准化的饲养管理；

（4）物联网销售　由于网络技术的发展，有的猪场通过网上订购，线下通过物流送达用户，即 O2O 的模式，直接销售猪场的制品；也可以通过网络按照用户要求生产用户自己订购的某头猪，同时还可以通过手机、平板、电脑等终端每天监控自己猪只的生长状况、用药用苗、饲养管理情况，吃到让用户放心的猪肉及其制品，到用户指定日期交货。

324 猪场客户如何管理？

猪场的客户管理分为三个阶段：售前、售中和售后。

(1)售前　为客户猪场提供种猪品种和养猪市场信息，提供猪场设计规划咨询和技术培训；

(2)售中　充分为客户所想，解决客户需要的购种所需文件证明，猪群健康情况证明，为客户精心挑选优质种猪，帮助客户联系运输车辆，提供应激方案，最大限度减少运输途中的损失；

(3)售后　及时跟踪客户情况，对售出猪只的正常饲养提供帮助，及时为客户解决饲养过程中遇到的问题，帮助客户建立饲喂、管理、生产程序，安排时间随访客户，同时建立客户档案，定期让内勤电话随访，有新的品种、技术资料和市场变化情况可以通过电话、邮寄和网络发给客户，最好建立一个猪场网络平台，实现网上互联互动，方便客户需求。

参考文献

[1] 斯特劳.猪病学.9版.北京:中国农业大学出版社,2008.

[2] 中国农科院哈尔滨兽医研究所.家畜传染病学.北京:农业出版社,1989.

[3] 蔡宝祥.家畜传染病学.北京:农业出版社,2002.

[4] 陆承平.兽医微生物学.北京:农业出版社,2002.

[5] 杨光友.动物寄生虫病学.四川:四川科学技术出版社,2005.

[6] 李国奖.动物普通病.北京:农业出版社,2001.

[7] 甘梦侯.科学养猪问答.北京:农业出版社,2003.

[8] 刘兴友,李文刚.简明猪病防治手册.北京:中国农业大学出版社,2002 .

[9] 曲万文.现代猪场生产管理实用技术.2版.北京:中国农业出版社, 2009.

[10] 李培庆,银梅,张智勇.实用猪病诊断与防治技术.北京:中国农业科学技术出版社,2007.

[11] 陈家钊.科学养猪手册.福建丰泽农牧有限公司编印,2011.

[12] 新建养猪场有关手续如何办设.甘肃畜牧兽医,2013,43(3).

[13] 王爱国.养猪学 7版.北京:中国农业大学出版社,2007.

[14] 赵德明,等.猪病学.9版.北京:中国农业大学出版社,2008.

[15] 苏振环.现代养猪实用百科全书.北京:中国农业出版社,2005.

[16] 李炳坦,赵书广,郭传甲.养猪生产.中国农业出版社,2006.

[17] 全国畜牧总站.生猪标准化养殖技术图册.中国农业科学技术出版社,2012.

[18] 鲜凌瑾,杨定勇.养猪与猪病防治.成都:西南交通大学出版社,2013.

[19] 王振华,杨金龙.猪场生物安全控制.成都:西南交通大学出版社,2013.

[20] 尚书旗,董佑福,等.设施养殖工程技术.北京:中国农业出版社,2001.

[21] 胡新岗,蒋春茂.动物防疫与检疫技术.北京:中国林业出版社,2013.

[22] 李清宏,韩俊文.猪场畜牧师手册.北京:金盾出版社,2010.

[23] 孙卫东.消毒、免疫接种和药物保健技术.北京:化学工业出版社,2012.

[24] 武英.猪标准化生产技术参数手册.北京:金盾出版社,2012.

[25] 中华人民共和国农业部. 生猪100问.北京:中国农业出版社,2011.

[26] 周元军，马书珍，等. 养猪 300 问. 北京：中国农业出版社，2014.
[27] 庞卫军. 高产母猪饲养问答. 北京：中国农业出版社，2013.
[28] 侯万文. 新编科学养猪手册. 北京：金盾出版社，2012.
[29] 王克健，滚双宝. 猪饲料科学配制与应用. 北京：金盾出版社，2010.